高等学校电气信息类规划教材

总主编　王耀南

电机及拖动基础实验指导

（第六版）

主　编　王姿雅　岳秀梅

副主编　杨德志　周腊吾

　　　　陈雷平　邹津海

主　审　罗隆福

湖南大学出版社

·长　沙·

内 容 简 介

本书是电机及拖动基础的实验指导用书，主要包括电机及拖动基础实验的基本要求和安全操作规程、电机及拖动基础实验中基本物理量的测量、直流电机实验、变压器实验、异步电机实验及同步电机实验等六章，每个实验都尽可能做到主题明确，操作步骤详尽清晰，以便于学生独立完成实验。本书可作为高等院校电气工程及其自动化专业电机类课程的实验教学用书，也可作为机电一体化教学的参考用书。

图书在版编目(CIP)数据

电机及拖动基础实验指导 / 王姿雅，岳秀梅主编. 6版. -- 长沙 ：湖南大学出版社，2025. 7. -- ISBN 978-7-5667-4172-1

Ⅰ. TM306；TM921-33

中国国家版本馆 CIP 数据核字第 202560CJ03 号

电机及拖动基础实验指导(第六版)

DIANJI JI TUODONG JICHU SHIYAN ZHIDAO(DI-LIU BAN)

主　　编：王姿雅　岳秀梅

责任编辑：黄　旺　　**责任校对**：尚楠欣

印　　装：长沙鸿和印务有限公司

开　　本：787 mm×1092 mm　1/16　　**印　　张**：8.5　　**字　　数**：207 千字

版　　次：2025 年 7 月第 6 版　　**印　　次**：2025 年 7 月第 1 次印刷

书　　号：ISBN 978-7-5667-4172-1

定　　价：28.00 元

出 版 人：李文邦

出版发行：湖南大学出版社

社　　址：湖南 · 长沙 · 岳麓山　　**邮　　编**：410082

电　　话：0731-88822559(营销部)，88820006(编辑室)，88821006(出版部)

传　　真：0731-88822264(总编室)

网　　址：http://press.hnu.edu.cn

电子邮箱：274398748@qq.com

序

我国高等教育已经发展到大众化教育的新阶段。随着国家工业化建设的迅猛发展，对电气信息类专业技术人才的需求也日益增大。为了适应这种人才培养的新形势，跟踪科学技术的前沿进展，我们根据教育部面向21世纪电气信息类课程改革的要求，结合湖南大学和兄弟院校的长期教学教改的经验，为大学电气信息类本科生编写了这套教材。

电气信息类课程是培养电类专业人才的基础课程，大量概念、理论、方法和工程案例构成了一个完整的技术知识体系。学生要开启心智、形成电类专业思维、打下电类专业人才的技术知识基础，必须系统地扎实地学好这些课程。为此，我们在组织编写这套教材时，特别注意了以下几个方面：

一是保证基础。作为大学基础课程，应确保基本概念、基本原理和基本方法的学习。只有透彻地理解和掌握了基础知识，才能顺利地进入电气信息技术领域的大门，才有可能进一步深造。

二是跟踪新技术。电气信息技术发展日新月异，大学教材必须及时吸纳最新技术，使学生了解学科发展动态。本套教材一方面注意反映学科各方面的最新进展，安排了扩充阅读的相关文献题录，指引学生直接接触学科前沿；另一方面还根据学科与技术的发展趋势，对经典知识进行重新组织编排。本套教材还将及时再版，及时更新内容，确保与时俱进，始终处于技术发展的最前沿。

三是注重应用。电气与信息理论源于工程实践，源于科学发现和技术发明，就像艺术源于生活一样。本套教材在讲述基本理论的同时，注重联系工程实际，并把作者的研究成果应用到其中。在正文、例题和习题中，特意安排了大量工程实用问题，通过理论和工程实际的结合，使学生学到知识并掌握方法。

四是文理渗透、启发诱导。为了提升素质，开阔视野，培养科学创新意识，理工科学生应适当了解与学科相关的课程外知识。为此，在许多教材中精心安排了“扩展与思考”的内容，以使学生从中体会科学思想、科学方法以及科技与人文、科学与艺术相互交融的精神和境界。

五是部分教材与多媒体CAI课件配合。这样可以将重要的知识点以生动形象的画面表现出来，深化认识，提高学习效果，也便于课堂教学。

本套教材经过充分研讨和论证，聘请各院校教学经验丰富、科研基础深厚的教授和副教授担任编者，是湖南电气信息类院校团结协作的成果，是全省最优秀的电气信息工程学科专家学者集体智慧的结晶。

本套教材的编写和出版，得到了湖南大学、国防科学技术大学、湘潭大学、湖南师范大学、长沙理工大学、湖南农业大学、湖南科技大学、南华大学、株洲工学院、湖南工程学院、吉首大学、湖南商学院、湖南理工学院、湖南城市学院、湖南文理学院、邵阳学院、怀化学院、零陵学院、长沙学院、湖南工学院等高校的通力合作，得到了湖南大学出版社的支持和帮助，在此一并表示衷心感谢。

王耀南

2004年6月于岳麓山

前　言

按照“高等学校电气信息类规划教材”的编写出版计划，根据电机学、电机与拖动基础等课程教学大纲的要求，我们编写了这本《电机及拖动基础实验指导》。本书的编写指导思想是：适应教育教学改革的需要，加强理论联系实际，全面提高学生的实际操作技能和创新思维能力，培养学生分析问题和解决问题的能力。

编者根据湖南大学、长沙理工大学、湖南工程学院等院校三十多年电机实验的教学实践经验和深入许多电机厂试验站进行调研的情况，较全面地介绍了电机实验中常用的仪器、设备及实验方法。

本次改版有了较大幅度的变动，主要体现在下面两个方面：第一，大型同步发电机的故障特性实验在通常的教学条件下较难实现，但该实验有利于学生深入理解同步发电机重要动态参数的求取方法及突然短路时的暂态过程，也为学生后续课程的学习打下基础。因此本书第 6 章中增加了“大型同步发电机故障特性虚拟仿真实验”一节的内容，通过虚拟仿真系统，让学生完成大型同步发电机的认识与组装、瞬态和超瞬态电抗的测定、突然短路状态下的暂态分析等实验，在理论学习的基础上获得更加直观、清晰的认识。第二，在附录中增加了交直流可编程电阻箱的使用说明，包括电阻箱触摸屏各个界面的功能与操作的具体介绍、负载加载的范围、系统保护设置与使用注意事项等。

本书由王姿雅、岳秀梅(湖南大学电气与信息工程学院)主编，各章的编写分工为：第 1 章陈雷平(怀化学院)，第 2 章周腊吾(长沙理工大学电气与信息工程学院)，第 3 章岳秀梅、杨德志(湖南大学电气与信息工程学院)，第 4 章邹津海(湖南大学电气与信息工程学院)，第 5 章杨德志，第 6 章王姿雅。全书由王姿雅最后统稿。

本教材在编写过程中，参考了各兄弟院校、工厂提供的实验指导书、实验报告以及产品样本等资料。书中采用国家标准规定的图形、符号和术语。

本教材可以作为全日制高等院校、高职高专、电大、职大、成教、自考等各电类专业开设电机学、电机与拖动基础等课程的实验指导书，也可供研究生、工程技术人员参考。

本教材由湖南大学电气与信息工程学院罗隆福教授主审，熊芝耀、黄守道、张志文、邓建国、罗德荣、江岳春等老师参加审稿工作，提出许多指导性修改意见，此外，天煌科技有限公司、湖湘测控仪器有限公司和杭州仪迈科技有限公司给予了大力支持。编者在此一并表示衷心的感谢。

编　者

2025 年 2 月·长沙

目　　次

第1章 电机及拖动基础实验的基本要求和安全操作规程

1.1 电机及拖动基础实验的基本要求

电机及拖动基础实验是专业技能综合培养的重要教学环节之一。其基本任务是进行实验技能的基本训练，加深对所学基本理论的认识，提高分析问题和解决问题的能力，开发创新思维能力，培养理论联系实际的作风和实事求是的科学态度，获得科学研究的初步训练。具体来说，电机及拖动基础实验的目的在于掌握基本的实验方法和操作技能，学会根据实验目的拟订实验线路，选择所需设备测取实验数据，并对实验数据进行整理、分析、计算，从而得出实验结果，写出实验报告。在整个实验过程中，必须严肃认真，注意力高度集中，实事求是地完成实验内容。根据电机及拖动基础实验的具体情况，要求做好以下几方面的工作。

1.1.1 实验前的准备

实验前，应复习电机学、电机与拖动基础等课程中的相关内容，认真阅读本书中的相关章节，了解实验目的、实验项目、实验设备与仪器以及实验方法和步骤，明确实验中应注意的问题。根据实验要求，画出实验线路图，选择实验所需设备，根据实验内容绘制好实验记录表格等。

实验前应写出预习报告，经指导老师许可后，方可进行实验。

认真做好实验前的准备工作，对于培养学生独立工作能力、综合素质，提高实验教学质量和效率非常重要。

1.1.2 实验的实施

1. 建立小组、合理分工

每次实验以小组为单位进行，每组3～4人，每人都要有明确的分工，如计算机操作、数据记录、接线、线路自检、负载调节、转速测量等工作，并在实验过程中全组人员协调操作。每人都要有计划地轮换操作，在实验中得到全面锻炼。实验数据要求准确，实验数据不容许更改，如对实验数据有疑问，只能使用原有设备重新进行实验。

2. 选择设备

根据实验项目和设备的铭牌数据，选择所需的仪器、仪表及其量程。设备应摆放整齐，便于检查和测取实验数据。

3. 按图接线

根据自拟线路图或本书提供的参考线路图进行接线，线路要求正确、简明。

接线原则是先串联主回路，再接并联支路，按回路顺序进行。先从电源开关开始连接主要的串联电路（如电枢电路、电流表），再接并联支路（如励磁支路、电压表）。如果是三相，应三根线同时往下接；如果是直流或单相，则从一极开始，经主要线路及其各段设备然后返回另一极。根据电流的大小，主回路用粗导线连接（包括电流表及功率表的电流线圈），并联支路用细导线连接（包括电压表及功率表的电压线圈）。全部接完后请同组的另一人检查线路连接是否有错，如有错可自行改正。最后经指导老师检查无误后可进入实验操作。

4. 接通实验设备、注意观察

实验之前，检查设备是否处于正确状态，比如仪表是否在零位、调压器是否在所要求的位置、电机是否有机械卡住等。熟悉各仪器仪表的刻度，并记下倍率。指导老师许可后才能接通实验设备电源，观察所有仪表是否正常（不容许超过量程、指针反向等），对于三相电机要特别注意是否有断相情况，并观察电机运转是否正常。如出现异常现象，应立即切断电源，报告指导老师，查找原因，排除故障。一切恢复正常后，才可以继续进行实验。

5. 测取数据

预习时对实验内容与实验结果应事先做好理论分析，并预测实验结果的大致趋势，做到心中有数。实验时测量数据要求准确，特别是一些重要数据，如额定点附近数据应多测几组。

6. 认真负责、有始有终

实验结束后，应将实验数据交给指导老师审阅。经指导老师认可后，再断开电源，整理导线和实验台，归还仪器、仪表、工具等，打扫实验场地。

1.1.3 实验报告

整理实验数据、写出实验报告是实验教学的重要环节。实验报告是技术文件，要求简明扼要、字迹清楚、图表整洁、结论明确。其具体内容应包括：

(1) 实验名称、专业班级、组号、同组同学姓名、实验日期、室温。

(2) 实验设备的名称、型号、规格、铭牌数据及编号。

(3) 实验目的和项目。

(4) 实验线路图，并注明仪器、仪表量程。

(5) 实验内容和步骤。

(6) 整理计算的实验数据。数据如果是计算所得，还应列出计算公式。

(7) 实验曲线。所有曲线应在坐标纸上绘制或由计算机打印输出。

(8) 实验结果分析、计算以及结论和心得体会。这是对所学知识再提高的过程，是实验报告的重要部分。可以对不同实验方法所得到的结果进行比较，对各种实验方法的优缺点进行探讨。比较实验结果与理论分析是否相符，如有偏差，找出原因。根据国家标准或技术条件判断被试对象是否合格。

实验报告要求用实验报告纸书写，每次实验报告每人独立完成，一人一份，并按时送交指导老师批阅。

1.2　电机及拖动基础实验的安全操作规程

为了保证电机及拖动基础实验的顺利进行，确保人身安全和设备安全，实验时应严格遵守实验室的安全操作规程。

电机及拖动基础实验安全操作规程如下：

(1) 进入实验室，态度要认真，注意力要高度集中，严禁大声喧哗、打闹；

(2) 人体不可接触任何带电部位与转动部件；接触电机外壳，应用手背接触；

(3) 遵守实验室各项规章制度，使用设备必须遵守操作规程，不准动用与本次实验无关的设备。经指导老师许可后方可动用其他设备和接通电源进行操作；

(4) 实验进行时，不准离开实验岗位，并密切注视各仪器、仪表的变化；

(5) 电源必须经过开关(或接触器)、熔断器后接入实验设备；电源进线应接到开关进线端；切断电源后，方可拆线或改接线路；

(6) 完成接线或改接线路后，必须经指导老师检查，并在引起其他同学注意后，方可接通电源。实验中如发生事故，应保持冷静，首先切断电源，防止事故扩大，并保护现场，报告指导老师，待查明事故原因和妥善处理后，才能重新实验；

(7) 实验时，不准佩戴围巾，不准戴手套，不准穿拖鞋；注意衣服及导线不要卷入电机旋转部分；不得用手或脚去促使电机转动或停转，以免发生危险；

(8) 电动机直接启动时，电流表及功率表电流线圈应从线路中拆离或经并联开关短路；

(9) 实验中不得随意调换电流表量程，电流互感器二次侧不允许开路，以免产生高电压损坏仪器、仪表和危及人身安全。电容器使用后应进行放电；

(10) 完成实验后，应按照分断程序依次断开各个开关，方可拆线；

(11) 总电源应由实验室工作人员掌控，其他人不得操作。

第 2 章　电机及拖动基础实验中基本物理量的测量

2.1　绝缘电阻和绝缘介电强度

绝缘电阻和绝缘介电强度的测量是电机产品检验项目之一。通过绝缘电阻和绝缘介电强度的实验，可以检查出电机绝缘是否良好，有无局部缺陷等。绝缘电阻的测量属于非破坏性实验，而绝缘介电强度实验则属于破坏性实验，一旦电机绝缘有缺陷即可能发生绕组击穿，故绝缘电阻应在绝缘介电强度之前进行测量。

2.1.1　绝缘电阻的测量

绝缘电阻用兆欧表（俗称摇表）进行测量。兆欧表分手摇式兆欧表和数字式兆欧表两种，这里仅介绍手摇式兆欧表。

1. 兆欧表的选用

根据电机额定电压，可按表 2-1 选用兆欧表。

表 2-1　兆欧表的选用

电机额定电压	兆欧表规格
500 V 以下	500 V
500～3 000 V	1 000 V
3 000 V 以上	2 500 V

2. 测量方法

如电机各相绕组的始末端均引出机壳外，则应分别测量各相绕组对机壳（或芯心）以及相间的绝缘电阻。若各绕组在电机内部已经连接好，允许仅测量所有绕组对机壳的绝缘电阻。如果是绕线式电机，还必须测量转子各相绕组对机壳的绝缘电阻。

3. 兆欧表的使用

兆欧表内有一永磁式的手摇发电机，发电机的电压与手摇的速度有关。因此，测量时应以兆欧表规定的转速均匀地摇动，待指针稳定后方可读数。

4. 绝缘电阻的有关规定

国家标准规定：在热态时，电机的绝缘电阻应不低于下式所确定的数值：

$$R=\frac{U_N}{1\,000+\frac{P_N}{100}}$$

式中，R 为电机绕组的绝缘电阻，单位为 MΩ；U_N 为电机绕组的额定电压，单位为 V；P_N

为电机的额定功率，对于直流电机和交流电动机，单位为 kW，对于交流发电机和补偿机，单位为 kVA。

2.1.2　绝缘介电强度的测量

电机在系统工作时，经常受到电网和自身过电压的影响，如果电机绕组绝缘有缺陷，将有可能被击穿。所以，制造电机时必须考虑到电机可能受到的最高过电压的作用，从而选择各部分的绝缘结构以及绝缘材料。因此，电机出厂之前或者电机修理之后必须做绝缘介电强度（俗称耐压）实验。

1. 试验电源要求

试验电源电压的频率为 50 Hz，波形为实际正弦波。

2. 试验变压器容量的选择

对于低压电机，每 1 kV 试验电压，试验变压器容量应不小于 1 kVA；对于高压电机，当其电容量较大时，试验变压器容量应大于由下式求得的计算容量 S_T（kVA）：

$$S_T = 2\pi f C U_T U_{TN} \times 10^{-3}$$

式中，C 为被试电机的电容量，单位为 F；U_T 为试验电压，单位为 V；U_{TN} 为试验变压器高压侧的额定电压，单位为 V。

或者按每 5 kV 不小于 1 kVA 进行估算。

对于分马力电机，每 1 kV 试验电压，试验变压器的容量应不小于 0.5 kVA。

3. 试验方法

试验电压值应符合各类电机标准的规定。试验时间为 1 min。

试验时，电机应在静止状态下进行。施加的电压应从不超过试验电压的 1/2 开始，然后稳步地增加至全压，电压自 1/2 增加至全压值的时间应不少于 10 s，全压试验时间应维持 1 min。进行绝缘介电强度试验时应注意安全，试验结束后，应从试验变压器高压侧进行放电。

4. 耐压试验的判别

在试验过程中，电机绕组不发生击穿，即可判定此台电机符合要求。此项试验是电机制造厂出厂试验的必做项目。电机出厂试验的耐压值为：

$$U = 1\ 000\ \text{V} + 2U_N$$

式中，U_N 为电机额定电压。

对于大修后的电机可按上述耐压值的 70%进行。

2.2　直流电阻

在电机试验中，为了计算电机的效率，确定绕组的温升以及校核电机的设计值，需要测量电机绕组的电阻。电阻的大小随温度的变化而变化，因此，在测量绕组实际冷态的直流电阻时，同时要测量绕组的温度，以便将测得的电阻换算到基准工作温度或所需工作温度下的数值。

电机绕组直流电阻的测量有伏安法和电桥法两种。

2.2.1 伏安法

伏安法就是利用电压表和电流表测量绕组的直流电阻。测量时应采用蓄电池或其他电压稳定的直流电源。通过电机每相绕组的电流不能超过其额定相电流的 10%，通电时间不应超过 1 min，以免绕组发热而影响测量的准确度。伏安法测量电阻的原理图如图 2-1所示。

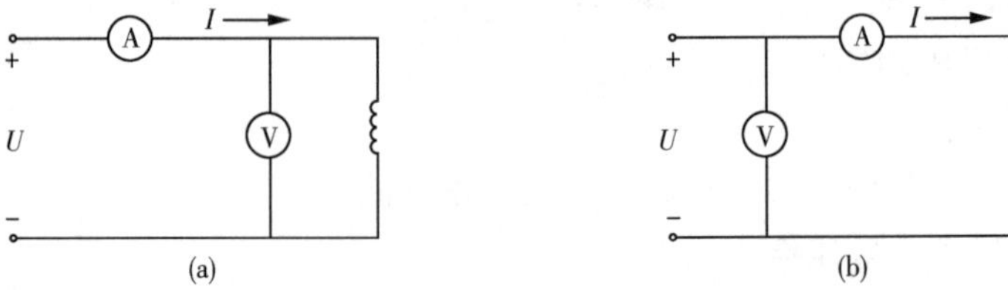

图 2-1 伏安法测定电机绕组的直流电阻

1. 测量小电阻

如图 2-1(a)所示。设电压表的内阻为 r_V，则被测绕组的直流电阻为 $r=\dfrac{U}{I-\dfrac{U}{r_V}}$，若忽略$\dfrac{U}{r_V}$，则所测的电阻 $r=\dfrac{U}{I}$ 比绕组的实际电阻偏小，在 r_V 一定的情况下，绕组的电阻越小，测量的精度越高。故这种接法适合于测量小电阻。

2. 测量大电阻

如图 2-1(b)所示。设电流表内阻为 r_A，则被测绕组的直流电阻为 $r=\dfrac{U-Ir_A}{I}$。若忽略 Ir_A，则所测的电阻 $r=\dfrac{U}{I}$ 比绕组的实际电阻偏大；在 r_A 一定的情况下，绕组的电阻越大，测量的精度越高。故这种接法适合于测量大电阻。

2.2.2 电桥法

电桥有单臂电桥和双臂电桥两种。用电桥测量绕组的直流电阻时，采用双臂电桥还是单臂电桥，取决于被测绕组电阻的大小和精度的要求。双臂电桥的测量精度较高，当绕组的电阻小于 1 Ω 时，必须采用双臂电桥进行测量，不允许采用单臂电桥测量。因为单臂电桥所测的数值中，包括了连接导线的电阻和接触电阻，这就给低电阻的测量带来较大的误差。

用电桥测量绕组的直流电阻时，应先估计被测电阻的大小，并将刻度盘调到电桥能大致平衡的位置，然后按下电池按钮，再按下检流计按钮，旋转刻度盘，使检流计指针指在零处，这时旋钮刻度指示的数值即为被测绕组的电阻值。测量完毕后，应先松开检流计按钮，再松开电源按钮，以免检流计受到冲击。

用电桥法测量绕组的直流电阻，具有准确度及灵敏度高和直接读数的优点。

无论用哪种方法测量，电机的转子应静止不动。每一电阻测量 3 次，每次读数与 3 次读数的平均值之差应在平均值的±0.5%范围内，测量才被认为是准确的，取 3 次平均值作为电阻的实际值。

2.2.3　电机绕组直流电阻的计算

1. 在电机及拖动基础实验中，电机绕组有单相、三相或多相绕组

绕组的连接方式，有星形连接、三角形连接等。有的电机在外部无法将它们的各个绕组分开，仅引出 a，b，c 三个出线端，如图 2-2 所示，此时，各绕组的相电阻应按下列方法确定：

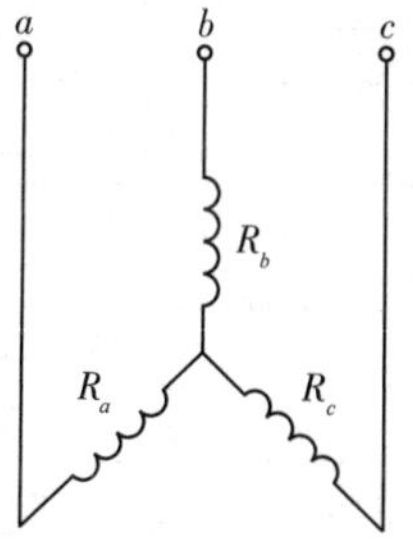

(a) 星形接法

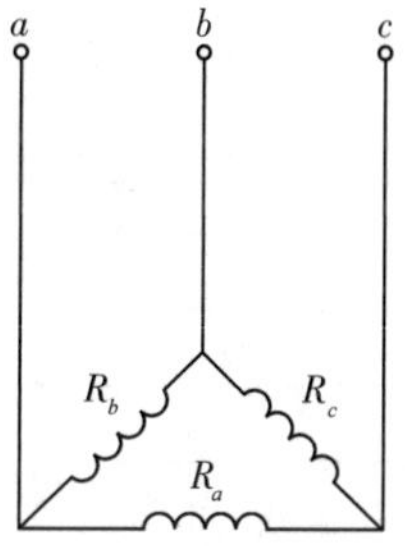

(b) 三角形接法

图 2-2　电机三相绕组的连接方式

对于星形接法的绕组：

$$\begin{cases} R_a = R_{av} - R_{bc} \\ R_b = R_{av} - R_{ca} \\ R_c = R_{av} - R_{ab} \end{cases}$$

对于三角形接法的绕组：

$$\begin{cases} R_a = \dfrac{R_{bc} \cdot R_{ca}}{R_{av} - R_{ab}} + R_{ab} - R_{av} \\ R_b = \dfrac{R_{ca} \cdot R_{ab}}{R_{av} - R_{bc}} + R_{bc} - R_{av} \\ R_c = \dfrac{R_{ab} \cdot R_{bc}}{R_{av} - R_{ca}} + R_{ca} - R_{av} \end{cases}$$

式中，R_{ab}，R_{bc}，R_{ca} 分别为出线端 a 与 b，b 与 c，c 与 a 间测得的电阻值，单位为 Ω；$R_{av} = \dfrac{R_{ab} + R_{bc} + R_{ca}}{2}$，单位为 Ω。

2. 实际冷态直流电阻与基准工作温度时直流电阻的换算

测得的实际冷态直流电阻可按下式换算到基准工作温度时的电阻：

$$r_{ref} = r_0 \frac{K_\alpha + \theta_{ref}}{K_\alpha + \theta_0}$$

式中，r_0 为实际冷态时绕组的电阻，单位为 Ω；θ_{ref} 为基准工作温度，对于 A，E，B 级绝缘为 75 ℃，对于 F，H 级绝缘为 115 ℃；θ_0 为实际冷态时绕组的温度，单位为℃；K_α 为常数，铜绕组为 235，铝绕组为 225。

注意:实际冷态指当所测温度与冷却介质温度之差不超过 2 ℃时。

2.3 温　度

电机中绝缘材料的使用寿命主要取决于运行时的温度。为了保证电机安全、可靠地运行,必须对电机各部分的温度进行测量。国家标准也对不同绝缘材料的最高工作温度和温升作出了限制。表 2-2 是我国常用几种绝缘等级的最高工作温度和温升限额。

表 2-2　绝缘等级的最高工作温度和温升限额

绝缘等级	环境温度/℃	最高工作温度/℃	温升限额/℃
A	40	105	60
E	40	120	75
B	40	130	80
F	40	155	100
H	40	180	125

目前,对电机各部分温度测量的常用方法有 3 种,即温度计法、电阻法和埋置检温计法。

2.3.1　温度计法

1. 温度计的选择

温度计有膨胀式温度计(如水银、酒精温度计)、半导体温度计及热电偶和电阻温度计三种类型。温度计可以测量电机的机壳、铁芯、轴承、集电环、换向器等以及周围介质温度。用温度计进行温度测量具有简单、可靠、直观等优点。

2. 测量方法

测量时,温度计应紧贴在被测点表面,并用绝热材料(如橡胶泥)覆盖好温度计的测量部分,以免受周围冷却介质的影响。有交变磁场的部位(如交流电机的定子铁芯),不能采用水银温度计。对大中型电机,温度计的放置时间应不少于 15 min。

2.3.2　电阻法

1. 带电测温装置测量电机绕组的温度

根据电阻随温度的变化而变化的基本原理,可测得电机绕组的温度。设电机绕组的热态电阻为 R_m,冷态电阻为 R_0,则可按下式计算出绕组的温度 θ_t:

$$\theta_t = \frac{R_m - R_0}{R_0}(K_\alpha + \theta_0) + \theta_0$$

式中,R_m 为绕组的热态电阻,单位为 Ω;R_0 为绕组的实际冷态电阻,单位为 Ω;θ_0 为绕组的实际冷态温度,单位为℃;K_α 为常数,铜绕组为 235,铝绕组为 228。

2. 非带电测温装置所测温度的修正

如果不能进行带电测量,电机绕组(或其他部分)的温度只能在电机切断电源后测量。因此,所测量的温度应修正到断电瞬间或标准所规定时间的温度。修正方法是外推法,即电机切断电源时，应测量出断电瞬间的时间 t（单位为 s）以及相应的电阻 R（单位为 Ω）。并用半对数坐标纸绘制电阻冷却曲线 $R=f(t)$ 或温度曲线 $\theta=f(t)$，如图 2-3(a)所示，将冷却曲线延长到与纵轴相交，交点的纵坐标即为断电瞬间绕组的电阻值。

注意：测量第一点电阻的时间应尽可能的短，或按国家标准规定测取第一点读数的时间进行。

如果没有半对数坐标纸，也可以利用普通坐标纸绘制电阻冷却特性曲线或温度曲线。取横坐标为时间的对数，纵坐标为电阻或温度的对数，如图 2-3(b)所示。

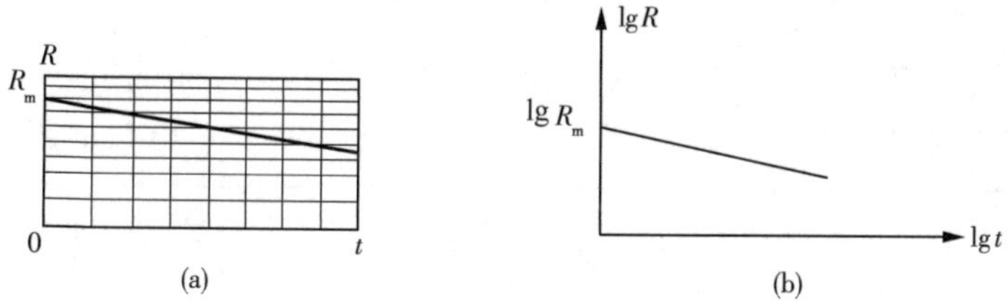

图 2-3　冷却曲线

如果断电后测得的电阻（或温度）先下降后上升，则取测得电阻（或温度）的最大值作为断电瞬间的电阻（或温度）。

电阻法具有准确度高的优点，但它只能测量绕组的平均温度。

2.3.3　埋置检温计法

大中型电机中，常常在可能出现温度较高或者用其他方法无法测量的地方，例如在导体与槽底之间、导体的上下层之间埋置了热电偶或热电阻等感温元件。它可以通过二次仪表直接读出所测部位的温度，也可通过 A/D 转换器或其他数字式仪表进行测量和监视。

热电偶是由两种不同的金属 A 和 B 组成，如图 2-4 所示。当连接点和仪表分别具有不同温度 t 和 t_0 时，回路中就产生热电动势，温差越大，热电动势越大。热电偶就是利用这个原理来测温的。

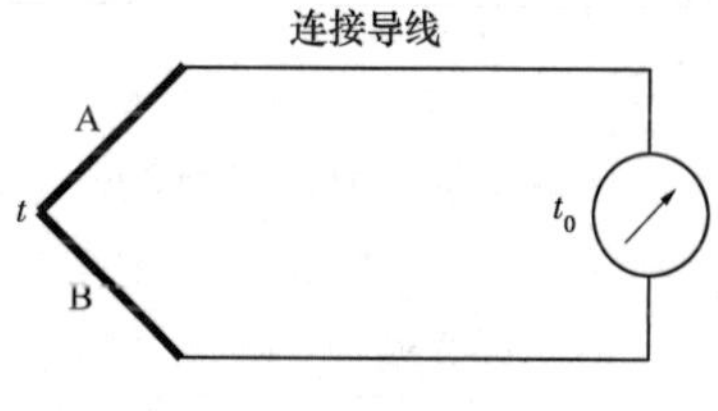

图 2-4　热电偶测温

热电阻是利用金属导体或半导体的电阻随温度而变化的特性来测量温度的。热电阻埋设在被测点，测出热电阻的电阻值，再在元件材料分度表上查出相应温度，也可用电子测量转换成直接显示温度数值。

此外，还有红外线测温仪，可以测量电机转子表面温度分布情况，这里不作介绍。

2.4　转速和转差率

电机的转速或转差率是电机运行中的一个重要物理量，准确地测量电机的转速或转差率是十分重要的。随着科学技术的发展，特别是电子技术的发展，转速或转差率的测量方法不断地得到改进，测量精度也越来越高。这里仅介绍几种常用的测量方法。

2.4.1 转速的测量

1. 手持式离心式转速表

这种转速表的工作原理就是利用离心器旋转后，产生惯性离心力与反作用的拉力弹簧相平衡，由传动机构使指针在分度盘上指示相应的转速。使用时，将转速表的端头插入电机轴端的中心孔内，接触紧密后，即可读出电机的实际转速。它具有操作简单、直观等优点，但它精度较低，一般应用于精度要求不高的场合。

使用这种转速表的注意事项：

(1) 电机的实际转速应在转速表某一量程的最大值与最小值之间。特别需要注意的是：使用过程中不允许改变量程，以免损坏齿轮。如预先不知道电机的实际转速，最好先选用最大的量程。

(2) 使用前，应先清理电机轴端的油污。使用时，应保持转速表轴线与电机轴线一致，不得偏斜。否则，一方面容易损坏转速表，另一方面影响测量精度。

(3) 使用时，不能用猛力将转速表端头顶住轴孔，以免损伤转速表。

(4) 应尽可能间歇地使用转速表，以免齿轮的磨损与发热。

(5) 微电机不宜使用这种转速表。因为转速表增加了电机的附加转矩，改变了电机的实际运行特性。

2. 手持式数字转速表

手持式数字转速表是利用接触式光电感应原理，将转速信号转换成数字信号，直接显示在液晶屏上。它是一种袖珍型高精度转速表，不仅可以用来测量转速和线速度，还可以作为频率计使用。如 DT2235A 型就是其中的一种，它的使用方法和注意事项与离心式转速表基本相同，但它不需要操作者更换量程。

3. 日光灯法测转速

日光灯法测转速或转差率，即频闪法测转速。当日光灯接上 50 Hz 的电源时，灯光实际上每秒闪动 100 次，由于人的视觉暂留时间约为 1/16 s，人们观察到的日光灯总是亮的。因此，可利用日光灯的这个原理来测量电机的转速。

注意：日光灯必须采用带有启辉器的日光灯。

(1) 日光灯法测同步转速。

测量前，在被测电机的轴端画上标记图案（或在轴端装上 1 个圆盘，并画上标记图案），如图 2-5 所示。2 极电机画 2 个黑色扇形，4 极电机画上 4 个黑色图案，依此类推。

①如果是 2 极电机，标记图案见图 2-5(a)。电机同步转速为 $n_s=3\ 000\ r/min=50\ r/s$。这时，日光灯电流频率为 50 Hz，灯光每秒闪亮 100 次，即电机每转动半圈日光灯闪亮一次。如日光灯第一次闪亮时黑色扇形在 a 处，当日光灯第二次闪亮时，由于电机已转动了半圈，则在 a 处的扇形到了 b 处，而在 b 处的扇形到了 a 处，即日光灯第一次闪亮到第二次闪亮，两个扇形交换了一下位置。我们用眼睛看到的图案好像静止不动。

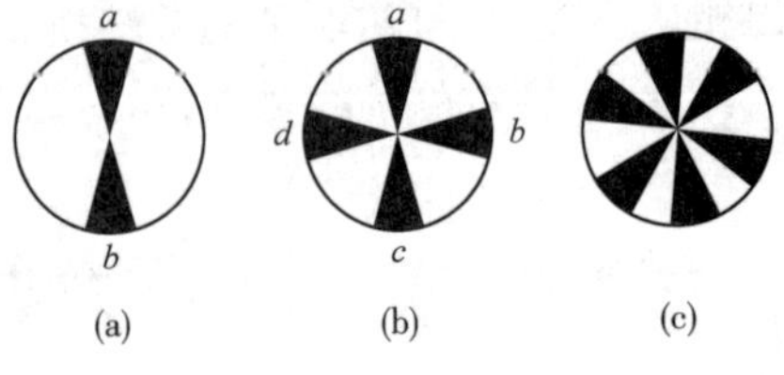

图 2-5 轴端标记图案

②同理，当电机是 4 极电机，同步转速为 $n_s=1\ 500\ \text{r/min}=25\ \text{r/s}$，若电机以同步转速旋转，日光灯闪亮一次，电机转过 1/4 圈。标记图案应为 4 个黑色的扇形，如图 2-5(b)所示。显然，电机极数越多，黑色扇形也就越多，如图 2-5 所示。

(2) 日光灯法测转差率较小的转速。

实际上，大多数电机不是在同步转速下运转。如果电机的旋转速度为 n，日光灯的闪光频率为 f，电机轴端黑色扇形的数目为 $2p$，当 $2pn=mf$ 时(m 取正整数)，标记图案好像静止不动，则有 $\frac{m}{2p}=\frac{n}{f}$ 为一整数比，此时 $n=n_s$(n_s 为同步转速)，则 $m=\frac{n_s}{f}\cdot 2p$。若 $\frac{m}{2p}$ 不是整数比，而是略有偏差时，就可以看到电机轴端的图形也会以相同的转向慢慢转动。设标记图案的时间 t 秒内转动的圈数为 N，则这时电机的转速 n 可以用下式来表示：

$$n=\frac{m}{2p}f\pm\frac{60}{t}N=n_s\pm\frac{60}{t}N\ (\text{r/min})$$

上式中若标记图案的转动方向与电机的旋转方向相同时取“+”，相反时取“−”号。

显然，当电机转差率大时，标记图案的旋转速度也高，这给实际测量带来困难。所以用这种方法只能测量转差率小的转速。当然，对多极电机(如 12 极)，测量起来也十分困难。这种方法的测量精度取决于闪光频率的精度。

有时为了便于记录标记图案的圈数，常常对标记图案中的扇形个数减半。2 极电机只画 1 个扇形，4 极电机画 2 个扇形，依此类推，如图 2-6 所示。这样，日光灯的闪光频率也应减半。最简单的方法是在日光灯线路中串入一个整流二极管 V 和绕线电阻 R，如图 2-7 所示。电阻 R 阻值的选择以整流后的电流不超过日光灯正常工作电流为原则。当日光灯发亮后，需要测量速度时，打开开关 S，使二极管串在电路中，这样，日光灯的负半波被切除，如日光灯接到 50 Hz 的电源上，则日光灯每秒闪亮 50 次。这样就可以测量转差率较大和极数较多的电机。这时电机的转速仍表示为：

$$n=n_s\pm\frac{60}{t}N\ (\text{r/min})$$

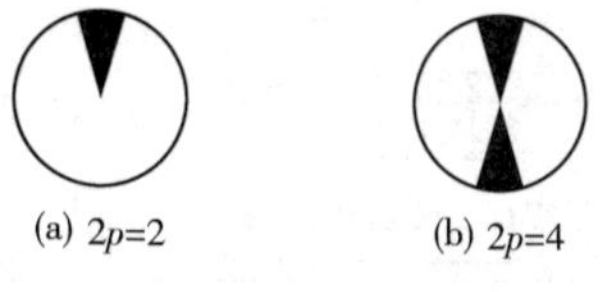

图 2-6　日光灯半波整流后轴端标记

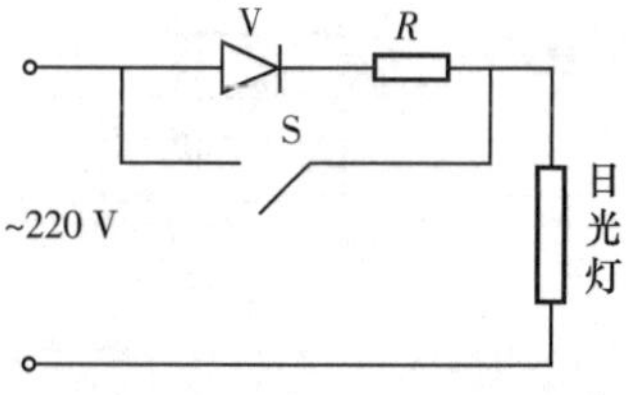

图 2-7　二极管整流后日光灯线路图

4. 闪光测速仪

日光灯法测转速，虽然设备简单，使用方便，但只能测转差率较小的电机，故有一定的局限性。为了测量范围较广的转速，制成了闪光测速仪。它的原理类似于日光灯法测量电机的同步转速，不同的是闪光测速仪具有可调脉冲频率的专用电源供给闪光灯，从而扩大了测速的范围。

使用这种仪器时，首先在被测物上做出标记，估计电机的转速确定分级转换开关的位置，然后微调闪光频率的旋钮，观察到电机上的标记静止不动为止，即可读出电机的实际转速。

使用这种仪器应注意的是：

(1) 当电机的转速 n 比闪光频率 f 大整数 K 倍时，观察到的标记仍然静止不动，但这是一种假象。使用时，闪光频率从低往高调节，以第一次出现标记静止不动为准。

(2) 当闪光频率比电机的转速大整数 K 倍时，我们观察到的是圆周出现 K 个标记静止不动。这时，应将闪光频率调低，直到只出现一个标记为止。如果闪光频率调不下来，则把有 K 个标记时静止不动的转速记下来，然后除以 K，即得电机实际转速。

5. 测速发电机测速

我们知道：测速发电机的感应电动势为：

$$E = C_e \Phi n$$

式中，C_e 为测速发电机的电动势常数；Φ 为测速发电机的每极磁通，单位为 Wb；n 为测速发电机的转速，单位为 r/min。

一般测速发电机为永磁式，磁通 Φ 是一个常数。因此，它的感应电动势与转速成正比。在被测电机的轴端装一台测速发电机，将测速发电机的感应电动势测量出来，即可求出或显示出电机的实际转速。由于测速发电机安装比较困难，故一般只应用于闭环控制的电机上。

6. 数字式转速仪与光电传感器测速

随着电子技术的飞速发展，研制出红外线光电传感器与数字式转速仪，精度也越来越高。如 SZGB－5 型光电传感器和 XJP－10B 型数字式转速仪，其测量精度达到了 $1\times10^{-4}\pm1$个字，其工作原理是将转速信号变成脉冲信号，以测量电机的转速。它采用测频法(测出转速信号的频率)和测周法(测出转速信号的周期)测量出电机的转速。下面以测频法为例，简要介绍它的工作原理。测频法工作原理如图 2－8 所示。

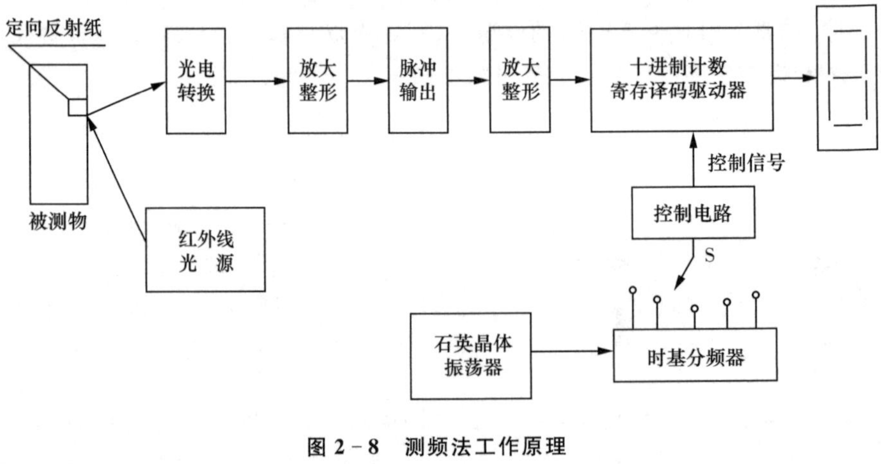

图 2－8　测频法工作原理

频率是单位时间内信号变化的周波数。测频实质上就是在标准时间内，如实记录电信号的周波数。为了测频，光电传感器的红外线光，从被测物上的定向反射纸反射到光电转换器，转换后得到电信号，经过放大整形后输出脉冲信号，最后送入数字式转速仪内的计数器等待处理。而数字式转速仪内的石英振荡器产生 100 kHz 的标准频率，经时基分频器多级分频，得到 0.1 s，1 s，2 s，3 s，6 s，10 s，20 s，30 s，60 s 九个标准时间基准信号。

经过时间选择开关 S 及控制电路得到相应的控制指令，用来控制分频器、计数器、寄存器的工作，实现对光电传感器转换来的脉冲信号进行计数、寄存、复零等一系列操作。最后驱动数码管显示出测量结果。

仪器的使用方法如下：

(1) 在被测电机上贴上相应数目的定向反射纸，安装光电传感器，并用信号线将光电传感器与数字式转速仪连接好；

(2) 打开电源，将“测量选择”开关置于“测频”位置；

(3) 将“测量时间”开关选择到所需的时间。选取的测量时间 t 由 $t=60/N_T$ 确定，式中，N_T 为贴在被测电机上的定向反射纸的数目；

(4) 按下“复零”按钮；

(5) 在数码管窗口读取转速，单位为 r/min。

7. 模拟式电子转速表

从转速传感器得到的脉冲信号，经放大整形后，转换成具有一定幅值和宽度的脉冲信号，对这一脉冲信号积分后输出与脉冲频率成正比的直流电压信号，由直读式电表直接读出转速的数值，如图 2-9 所示。这种转速表的输入信号是与转速严格成正比的频率信号，能输出较好的线性信号，在工业上应用较为广泛。但它存在人为误差，因而影响测量精度。

总之，测速的方法很多，特别是智能仪表的出现，不仅测量十分方便，而且测量精度极高。这里不一一介绍。

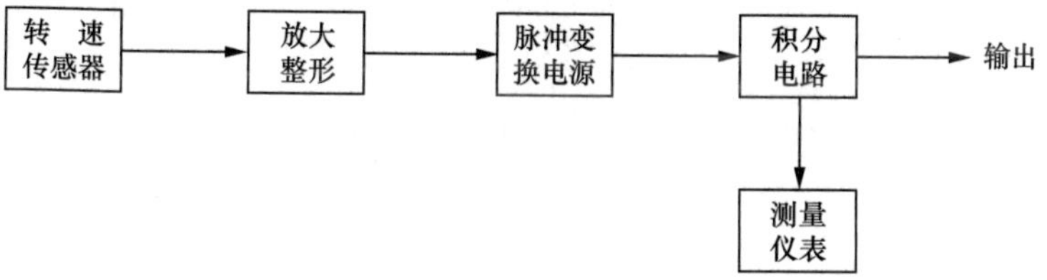

图 2-9　模拟式电子转速表方框图

8. 转矩、转速传感器

通过与电机同轴连接的转矩、转速传感器(又称扭矩仪)输出的信号，接到相应的扭矩仪上，即可测量出电机转速。相应介绍见本章 2.6 节。

2.4.2　转差率的测量

转差率 S 是异步电动机的主要参数，所以异步电动机常常要测量它的转差率。一般有以下几种方法。

1. 由实测转速计算转差率 S

测量电动机的转差率，一般采用测量电动机的转速 n，求出电动机的转差率。

$$S=\frac{n_s-n}{n_s}\times 100\%$$

式中，n_s 为被测电机的同步转速，单位为 r/min；n 为电机的转速，单位为 r/min。

转差率 S 一般用百分数来表示。

2. 用日光灯测转差率 S

在电机轴端作如图 2-5 所示的标记图案。记下标记图案在时间 t(s)内转动的圈数 N,则电机的转差率为:

$$S=\frac{pN}{ft}\times 100\%$$

式中,f 为电动机电源频率,单位为 Hz;p 为电机极对数。

3. 用感应线圈法测转差率

在电动机轴伸端附近,放置一只匝数较多的带铁芯的线圈,线圈与零点在中间的磁电式检流计连接,当转子绕组的漏磁通在线圈中感应出电动势时,使检流计指针发生周期性摆动。如果在时间 t(s)内检流计摆动的次数为 N,则电机的转差率为:

$$S=\frac{N}{ft}\times 100\%$$

式中,f 为电动机电源频率。

4. 转子电流频率法测量电机的转差率

这种方法是通过直接测出转子电流的频率,来计算出电机的转差率。显然,这种方法只适用于绕线式异步电动机。方法是在转子绕组回路中任一相串接一个零点在中间的磁电式安培计,其量程应大于转子电流的额定值。当电机正常运转时,转子电流频率很低,一般为 1～5 Hz。如果在时间 t(s)内电流表指针摆动的次数为 N,则转子电流频率 $f_2=\frac{N}{t}$,故电机的转差率 S 为:

$$S=\frac{f_2}{f}=\frac{N}{ft}\times 100\%$$

式中,f 为电动机电源频率。

2.5 功　率

功率的测量一般采用瓦特表。但随着电子技术的不断发展,数字式仪表在功率测量中的应用越来越广泛,特别是计算机在电机及拖动基础实验中也得到了广泛应用。

瓦特表又称功率表,一般采用电动式功率表。根据测量要求选用不同的精度等级。功率表内有电压线圈和电流线圈,电压线圈和电流线圈的同名端都标有 *,电压线圈利用多个电阻的串联做成了多个电压量程(常用的是三个量程)。电流线圈内有两个电流线圈,利用串并联可以改变电流量程,接成并联是电流线圈的高量程,接成串联是电流线圈的低量程。另外,功率表上还装有一个极性开关,扭动它可以改变指针的偏转方向。

2.5.1 功率表的选择与使用

1. 功率表的选择

功率表的选择原则是:被测线路的电压和电流应小于功率表电压量程和电流量程。同时,还要根据被测线路的性质决定选择普通功率表(又称高功率因数瓦特表,俗称高瓦表)，还是低功率因数瓦特表(俗称低瓦表)。

功率表的功率常数 C_w 可表示为：

$$C_w=\frac{U_N I_N \cos\varphi_N}{a_N}$$

式中，C_w 为功率常数，单位为 W/格；U_N 为功率表的电压量程，单位为 V；I_N 为功率表的电流量程，单位为 A；a_N 为功率表的满刻度格数；$\cos\varphi_N$ 为额定功率因数，应在功率表的面板上标注，未标注者为 $\cos\varphi_N=1$。

功率常数与额定功率因数有关。在量程 U_N、I_N 和 a_N 都相同的条件下，用 $\cos\varphi_N=1$ 的高功率因数瓦特表的功率常数是 $\cos\varphi_N=0.2$ 的低功率因数瓦特表的 5 倍。显然，在功率因数较低的线路中(如变压器、异步电动机空载运行)，使用低功率因数瓦特表测量功率，可提高测量精度。

在实际线路中，电压和电流高于功率表的电压和电流量程，必须采用电压互感器和电流互感器，此时功率常数还要同时乘上电压互感器和电流互感器的变比。

2. 功率表的使用

(1) 功率表的使用规则。

①功率表的电流线圈与被测负载串联，它的星号(＊)端接至电源侧，另一端接到负载侧；

②功率表的电压线圈并联在负载两端，它的星号(＊)端接至电流线圈的某一端，另一端接到负载的另一端。

(2) 功率表的两种接法。

根据以上原则，图 2－10 所示的两种接线方法都是正确的。

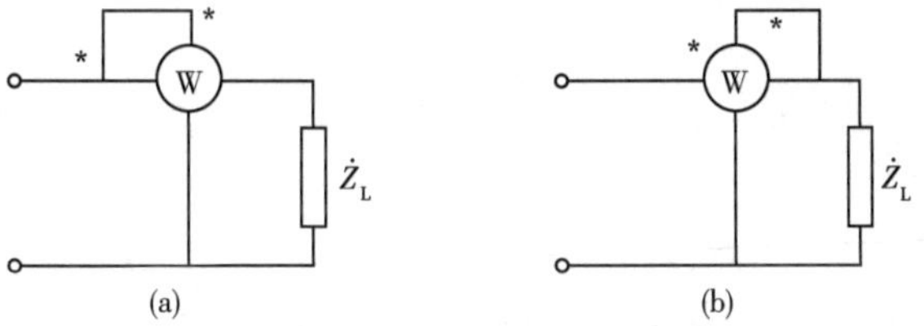

图 2－10　单相功率表的接线方法

如图 2－10(a)所示，功率表的读数中包括了电流线圈损耗的功率。当负载电压较高、电流较小、负载阻抗较大时，这项损耗很小，可以忽略不计。一般空载实验、负载实验采用这种接线方法，也是应用最广泛的一种方法。

如图 2－10(b)所示，功率表的读数中包括了电压线圈损耗的功率。当负载阻抗很小，即负载电压较低、电流较大时，这项损耗很小，可以忽略不计。因此它适用于低电压、大电流负载的功率测量，如变压器的短路实验等。

2.5.2　三相有功功率的测量

在三相四线制对称电路中，只需用一个单相功率表测量任意一相的功率，然后将其乘以 3，即得出三相负载的总有功功率。

在三相四线制不对称电路中，用三个单相功率表测量各相的有功功率，三相总功率等于三个功率表读数之和。

在三相三线制电路中，特别是在不对称电路中，一般都用两个功率表（简称两瓦表）来测量三相功率，如图 2-11 所示。有功功率 P 的单位是 W。

1. 二瓦特表法测三相功率的接线规则

①两个功率表的电流线圈分别串入三相电路的任意两线，它们的同名端接至电源端，电流线圈通过线电流。

②两个功率表的电压线圈的同名端接至该电流线圈同名端，另一端均接在公共线上，即没有接在功率表电流线圈的线上。

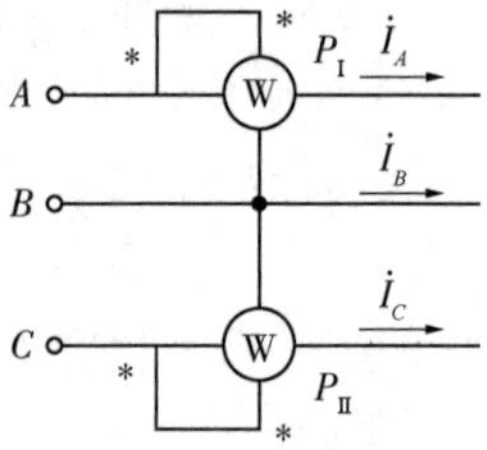

图 2-11 二瓦特表法测三相功率

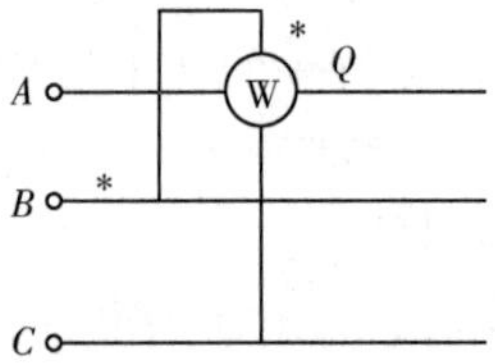

图 2-12 一瓦特表法测三相无功功率

2. 三相对称电路中，功率表读数与负载性质的关系

根据电路基本知识，两个功率表的读数分别为：

$$\begin{cases} P_{\mathrm{I}} = UI\cos(30^\circ - \varphi) \\ P_{\mathrm{II}} = UI\cos(30^\circ + \varphi) \end{cases}$$

三相总功率为：

$$P = P_{\mathrm{I}} + P_{\mathrm{II}} = \sqrt{3}UI\cos\varphi$$

由上两式可知：

当 $\varphi=0$ 时，$\cos\varphi=1$，$P_{\mathrm{I}}=P_{\mathrm{II}}$；

当 $0^\circ<\varphi<30^\circ$ 时，$0.866<\cos\varphi<1$，$P_{\mathrm{I}}>0$，$P_{\mathrm{II}}>0$；

当 $\varphi=30^\circ$ 时，$\cos\varphi=0.866$，$P_{\mathrm{I}}>0$，$P_{\mathrm{II}}>0$；

当 $30^\circ<\varphi<60^\circ$ 时，$0.5<\cos\varphi<0.866$，$P_{\mathrm{I}}>0$，$P_{\mathrm{II}}>0$；

当 $\varphi=60^\circ$ 时，$\cos\varphi=0.5$，$P_{\mathrm{I}}>0$，$P_{\mathrm{II}}=0$；

当 $60^\circ<\varphi<90^\circ$ 时，$0<\cos\varphi<0.5$，$P_{\mathrm{I}}>0$，$P_{\mathrm{II}}<0$；

当 $\varphi=90^\circ$ 时，$\cos\varphi=0$，$P_{\mathrm{I}}>0$，$P_{\mathrm{II}}<0$。

由此可见，两瓦特表的读数的大小和正负随被测负载的性质（$\cos\varphi$）而变；可以根据两瓦特表的正负，来判断负载的性质。

另外，我们可以根据三相总功率的正负，来判断负载是工作在电动状态还是发电状态：

当 $P=P_{\mathrm{I}}+P_{\mathrm{II}}>0$，电源向负载提供有功功率，负载工作在电动状态；

当 $P=P_{\mathrm{I}}+P_{\mathrm{II}}=0$，电源既未向负载提供有功功率，也未从负载吸收有功功率，负载工作在临界状态；

当 $P=P_{\mathrm{I}}+P_{\mathrm{II}}<0$，电源从负载吸收有功功率，负载工作在发电状态。

3. 二瓦特表法测三相功率精度的校验

根据电路知识知道：

三相有功功率：$P=P_{\mathrm{I}}+P_{\mathrm{II}}=\sqrt{3}UI\cos\varphi$，

三相无功功率：$Q=\sqrt{3}(P_{\mathrm{I}}-P_{\mathrm{II}})=\sqrt{3}UI\sin\varphi$，

三相视在功率：$S=\sqrt{P^2+Q^2}=\sqrt{3}UI$。

则功率因数为：

$$\cos\varphi=\frac{P}{S}=\frac{P}{\sqrt{P^2+Q^2}}=\frac{1}{\sqrt{1+\left(\frac{Q}{P}\right)^2}}$$

$$=\frac{1}{\sqrt{1+3\left(\frac{P_{\mathrm{I}}-P_{\mathrm{II}}}{P_{\mathrm{I}}+P_{\mathrm{II}}}\right)^2}}$$

而根据实验可以求出负载的功率因数为：

$$\cos\varphi=\frac{P}{\sqrt{3}UI}$$

国家标准规定：上两式求得的功率因数相差不大于 1%，表明测量是准确的。必须注意，如果一只功率表的读数为负，则应把负号代入公式中。

2.5.3 无功功率的测量

在三相对称线路中，可以利用功率表测量无功功率，方法有三种。

1. 一瓦特表法

接线如图 2-12 所示。

从电路知识知道功率表的读数为：

$$Q'=U_{BC}I_A\cos(90^\circ-\varphi)=UI\sin\varphi$$

三相对称线路中，三相负载的无功功率为：

$$Q=\sqrt{3}UI\sin\varphi=\sqrt{3}Q'$$

因此，利用图 2-12 中功率表的读数乘以$\sqrt{3}$就得到了三相无功功率。

2. 二瓦特表法

接线如图 2-11 所示，根据二瓦表的读数，可以计算出三相无功功率。

因为 $P_{\mathrm{I}}-P_{\mathrm{II}}=UI\sin\varphi$，所以三相负载无功功率为：

$$Q=\sqrt{3}UI\sin\varphi=\sqrt{3}(P_{\mathrm{I}}-P_{\mathrm{II}})$$

3. 无功功率表法

即将无功功率表直接接到三相电路中，可以直接读出无功功率。

无功功率的单位为 Var(乏)。

2.6 转　矩

转矩是衡量电机性能的重要物理量之一。测量转矩的方法很多，这里仅介绍实验室和工程实际中常用的几种测量转矩的设备和方法。

2.6.1 异步电动机堵转试验仪

图 2－13 是工程实际和实验室中常用的一种测量异步电动机启动转矩的试验仪。这种仪器由可限位式拉力传感器、二次仪表、力臂及支架四部分组成。它具有测量精度高(误差≤±0.5%)、测量范围大、显示直观、使用方便、安全可靠等优点。

它的基本原理是:电动机的堵转转矩通过力臂、拉力传感器变成电信号,并经二次仪表前置处理后,在 LED 显示器上显示出相应的转矩数值。它还安装有报警装置,当被测转矩超出所使用的传感器的额定值时,由安装在传感器上的限位触点,接通报警电路,发出报警信号。

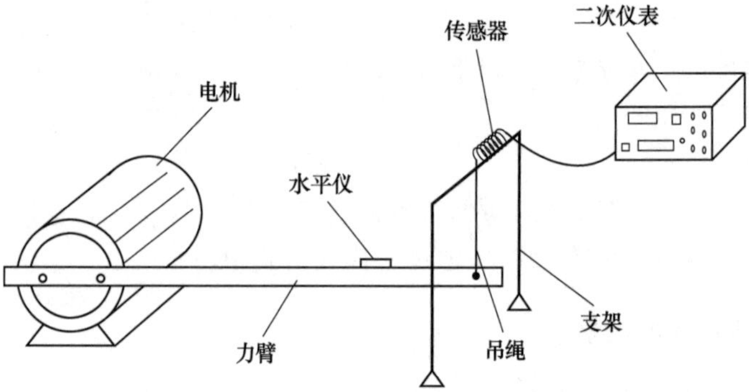

图 2－13 异步机启动转矩试验仪

1. 使用方法

(1) 测量前,二次仪表接上 220 V 交流电源,预热 15 min。

(2) 将传感器用信号线和二次仪表相连,并选择二次仪表的量程。

(3) 安装力臂前,应先确定电机的转向,使传感器受拉。

(4) 安装力臂时,调节吊在传感器上绳子的长度,使力臂上的水平仪处于水平位置。

(5) 调节安全支撑螺栓,使安全支撑有一恰当的位置,以便当力臂由于某种偶然因素而反转时能有效地卡住。

(6) 启动电动机,迅速读出转矩。

2. 使用注意事项

(1) 传感器是一种高精度仪器,使用时切忌碰撞,以免损坏。

(2) 根据所测转矩大小选用合适的传感器,以免影响测量精度和损坏传感器。

(3) 安装力臂时,注意观察水平仪,确保力臂处在水平位置。

(4) 信号线连接时,插头的螺纹应旋紧,以免影响测量的精确度。

(5) 二次仪表满刻度调节旋钮是专供校验人员使用的,实验时不得随意调节。

2.6.2 涡流测功器

涡流测功器是利用涡流产生的制动转矩来测量电机制动的转矩。它具有读数比较稳定、调节方便、准确度高等优点,其结构如图 2－14 所示。

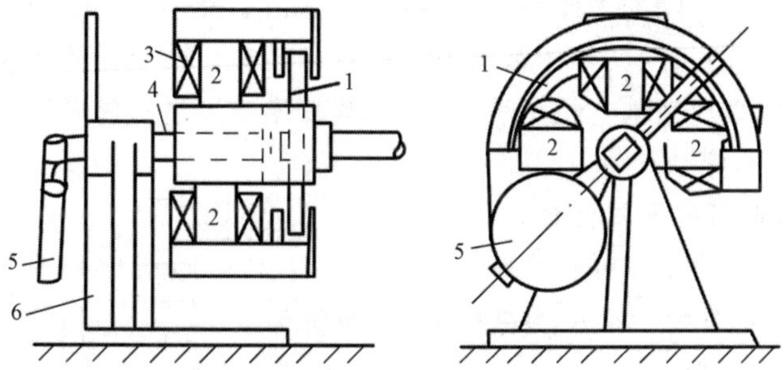

图 2－14　涡流测功器

1—实心钢盘；2—磁极；3—励磁绕组；4—轴；5—平衡锤；6—支架

1. 测功器的工作原理

被测电机带动一实心钢盘 1 转动。钢盘周围均匀分布一定数量的磁极 2，磁极 2 与平衡锤 5 均固定在轴 4 上，轴可以在静止支架 6 的轴承中转动，磁极芯上套有励磁绕组 3。在励磁绕组通入直流电流后，励磁电流产生的磁通从磁极经圆盘回到相邻磁极构成回路。当电机转动时带动钢盘切割磁场，在钢盘中产生涡流。钢盘中的涡流与极靴的磁场相互作用产生电磁力和制动转矩。钢盘对极靴的作用力使极靴顺电机转动方向转动一角度，当其与平衡锤平衡时，刻度盘上指针直接指示制动转矩的数值。改变励磁电流的大小，即可改变制动转矩，被测电机的负载也随之变化。目前，将涡流测功器的平衡锤换成了压力传感器，通过计算压力与力臂的乘积即可得到电机的转矩。

2. 电机输出功率的计算

根据电机学知识，可按下式计算出电机的输出功率为：

$$P_2 = 0.105\ Tn$$

式中，P_2 为电机输出功率，单位为 W；T 为转矩，单位为 N · m；n 为转速，单位为 r/min。

3. 使用涡流测功器注意事项

由于涡流钢盘的输入功率全部由涡流损耗转变成热能，故在钢盘中产生大量的热量，可能导致电机轴承温度过高，因此，使用时应注意加强散热措施。

2.6.3　电力测功机

电力测功机是电机式的测功装置，它既可以作被试电机的负载，又可测定被试电机的输入转矩。它具有操作简单、调节灵活、性能良好、试验准确、坚固耐用等优点，在实验室和工程实际中应用十分广泛。电力测功机有直流测功机、同步测功机和异步测功机三种。现以同步测功机为例，简要介绍其工作原理及使用方法。

1. 同步测功机的工作原理

同步测功机实际上是一台三相凸极式同步电机。它的外形结构是无底脚的圆形机座，如图 2－15 所示，两个端盖具有外轴伸，并装有外轴承，固定在两个轴承座上。测力杠杆就是装在外轴伸上，使测力杠杆及机座和端盖成为一个整体，并可以在两轴承间自由灵活地摆动。测力杠杆是一根加工精度极高的杠杆，两端挂有两个砝码盘。当被试电机转动后，如果给测功机通入励磁电流或者减小负载电阻，即可在测功机的轴上产生一个制动转矩，在测力杠杆的另一端加上砝码，使杠杆水平。由于测功机附加转矩极小，因此，砝码的质量乘以测力杠杆的长度就等于被试电机的输出转矩。改变励磁电流或负载电阻的大小，可以十分方便地改变被试电机负载的大小，测量出被试电机的转矩。

2. 转矩和输出功率的计算

被试电机的转矩可按下式计算。

$$T = 9.81Fl$$

式中，T 为转矩，单位为 N·m；F 为砝码质量，单位为 kg；l 为测力杠杆长度，单位为 m。

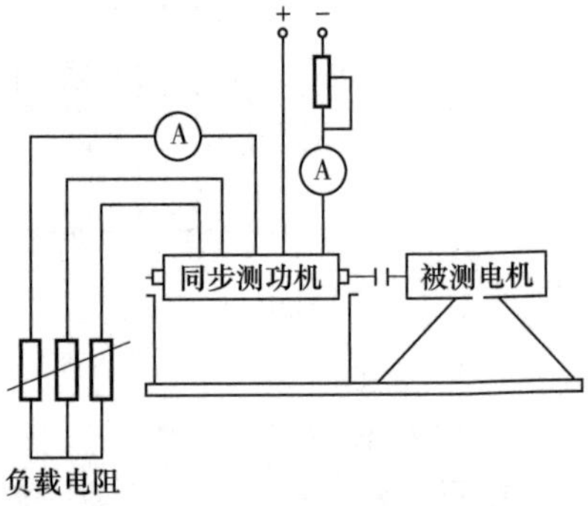

图 2－15　同步测功机

3. 使用同步测功机注意事项

(1) 同步测功机是高精度的测量仪器，切忌碰撞，以免影响测量精度和损坏。

(2) 测功机的摆动部分与静止部分绝对不能接触，否则会使测功机摆动不灵活，甚至卡死。

(3) 被试电机与测功机安装时，中心高要完全一致，并对好中心，中心高与左右偏差应在 0.1 mm 以下。

(4) 启动被试电机前，应将负载电阻及励磁调节电阻放在最大位置。

(5) 测功机在加载及启动过程中，应尽量避免转矩的突然冲击。

(6) 测功机作电动机运行时，要注意所加电压是否与额定电压相符，转子还需串接一个短路电阻。

2.6.4　采用校正过的直流电机测定电机转矩

1. 测定电机转矩的方法

将被试电机与校正过的直流电机用联轴器同轴连接起来。校正过的直流电机作他励直流发电机，它已用测功机或计算方法（在保持转速与励磁电流为一定值的条件下）求得电枢电流与转矩的校正曲线 $T=f(I)$，对应不同励磁电流可以得到一簇校正曲线，如图 2－16 所示。测量转矩时，应使校正过的直流电机的励磁电流与校正时的励磁电流相等，记录被测电机的励磁电流和校正过的直流电机的电枢电流，直接从校正曲线上查得相应励磁电流与电枢电流下电机的转矩。

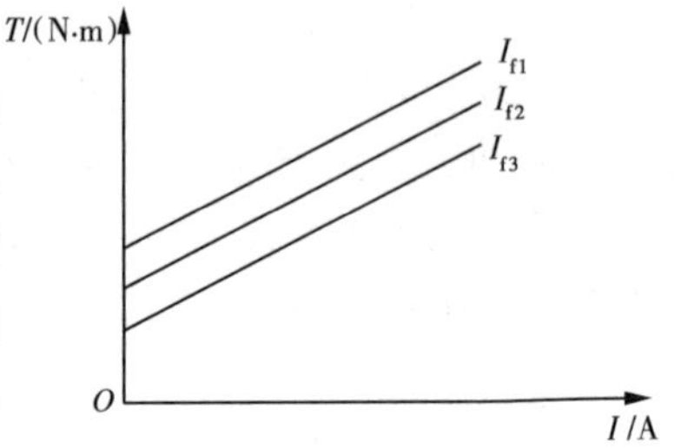

图 2－16　校正直流电机的校正曲线

2. 使用注意事项

(1) 在相应的条件下，被试电机的功率应不小于校正过直流电机额定功率的 1/3。

(2) 测量时，校正过的直流电机的励磁电流应与校正时的励磁电流完全相等。

2.6.5　转矩、转速传感器

转矩、转速传感器（又称扭矩仪）是一种测量电机转矩转速的高精度传感器件。由它输出的信号接到二次仪表上，如 JW－1 A 型微机扭矩器，JYY－100 扭矩转速功率仪上，即可测量出电机的实际转矩、转速和输出功率。下面简要介绍磁电式相位差型转矩传感器和应变式扭矩传感器的工作原理。

1. 磁电式相位差型转矩传感器的工作原理

磁电式相位差型转矩传感器的基本原理是通过磁电变换，把被测转矩转换成具有相位差的两个电信号，且这两个电信号相位差的变化量与被测转矩的大小成正比。把这两个电信号输入到扭矩仪即显示出电机的转矩、转速和输出功率。目前市场化的系列有 JC 型和 ZJ 型。

转矩传感器的结构如图 2－17 所示。在弹性扭力轴 1 两端各安装一只齿轮 2，在齿轮上方分别设置一块磁钢 3，在磁钢上各绕有一个信号绕组 4。当弹性扭力轴转动时，由于磁钢与齿轮间气隙磁导的变化，在信号绕组中分别感应出两个电动势，在外加扭矩为零时，这两个电动势有一个恒定的初始相位差，这个初始相位差只与两只齿轮在轴上安装的相对位置和两磁钢的相对位置有关。在外加扭矩时，弹性扭力轴产生扭转变形，在弹性变形范围内，其扭角与外加转矩成正比，同时，两个电动势的相位差发生变化，相位差变化的大小与外加转矩的大小成正比。由于这个电动势的频率与转速及齿数的乘积成正比，因此，这个电动势的频率与转速成正比。

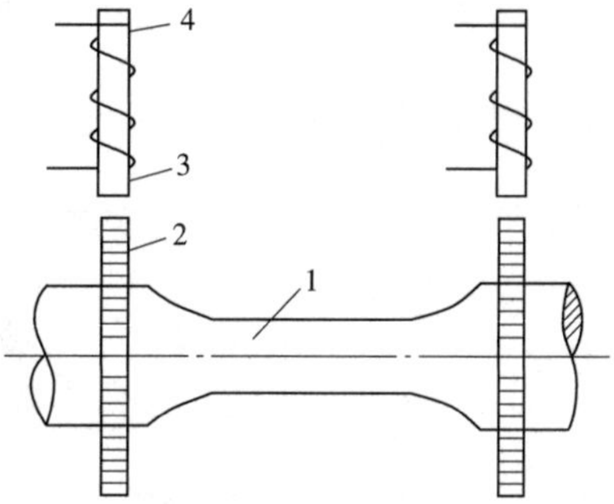

图 2－17　转矩传感器的结构示意图

1—弹性扭力轴；2—齿轮；
3—磁钢；4—信号绕组

由于这种传感器是靠旋转切割磁力线发电，因此其低速性能先天不足，且扭矩会随转速的变化而带来误差。为了解决上述问题，制造厂在传感器上外加一台小电机，因此它的体积比较大。

2. 应变式扭矩传感器

应变技术是应力测量中最基本、最广泛的技术，随着应变元件和应变技术的日益成熟以及非接触测量电子技术的普遍应用，使用方法简单、测量精度高、可靠性好的应变式扭矩传感器已经得到广泛应用。下面以 JY 型应变式扭矩传感器为例，结合其结构和原理简图对其进行简要说明。

应变式扭矩传感器上安装有两组线圈，其中一组传递电源，另一组传递扭矩信号。旋转轴上的应变桥感应到的扭矩信号被高精度高稳定度仪表放大器放大后，再经过高精度 V/F 转换器变换成与扭矩成正比的频率信号，通过一组线圈，非接触地传递到轴外接收器上，从而输出同扭矩成正比的频率信号。图 2－18 为 JY 型扭矩传感器结构图，图 2－19 为 JY 型扭矩传感器原理框图。图中 DC±15 V 电源经过一由多谐振荡器组成的 DC/AC转换器产生 400 Hz 中频电源，并通过环形线圈 A 耦合将电源传递到弹性旋转轴上，耦合到旋转轴上的 400 Hz 交流电源经过 AC/DC 转换产生＋5 V 的高精密、高稳定直流电源作为应变桥 B_r 的供电电源。

由弹性材料加工制造的 JY 系列扭矩传感器旋转轴经过严格的热处理后，在其一端的四周贴上四片高稳定性应变花组成一个应变桥 B_r，应变桥 B_r 感应弹性轴上扭矩的变

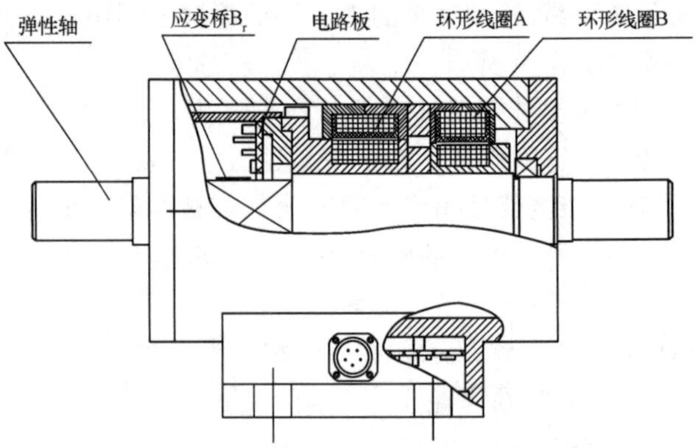

图 2-18　JY 型扭矩传感器结构图

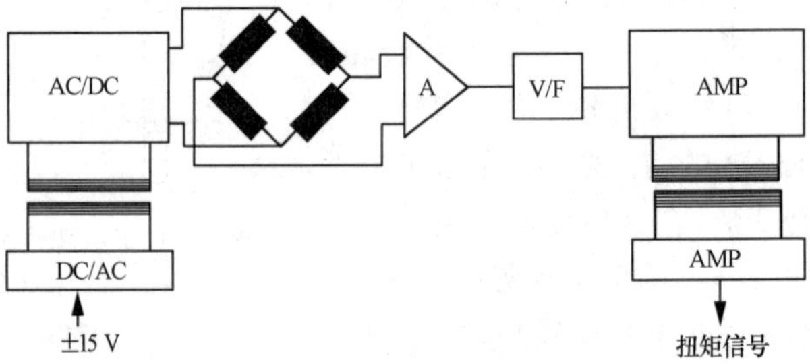

图 2-19　JY 型扭矩传感器原理框图

化输出的电信号经过高精密放大器 A 放大后，再经过精密 V/F 转换器转换成 5～15 kHz 与扭矩大小成正比的频率信号。与扭矩大小成正比的 5～15 kHz 的扭矩信号经过功率放大器 AMP 放大后通过环形线圈 B 非接触地传递到旋转轴外的接收放大器 AMP 上，从而输出同扭矩成正比的频率信号。

应变式扭矩传感器具有体积小、精度高的特点，无论是在高转速还是低转速甚至静态都能测量出相应的扭矩。因此，目前它广泛应用在工业领域中。

3. 应变式扭矩仪安装及使用注意事项

(1)JY 系列扭矩传感器为机座式，它必须串接在被试件和负载之间。传感器与被试件及负载的连接，要采用弹性联轴器，以降低安装同心度要求。在安装过程中严禁敲打，否则会损坏扭矩仪。

(2)可靠接地。将扭矩传感器底座上接地螺栓可靠接地(包括与传感器通信的二次仪表)，不能以中代地或中地混接。

(3)JY 系列扭矩传感器可以在 120%量程范围内保证精度。为了保证测量的准确性，尽可能在 30%～100%量程范围内使用，尽量避免冲击扭矩。

(4)在强干扰环境中使用应变式扭矩仪时，要采取必要的抗干扰措施。

第3章　直流电机实验

3.1　直流电机概述

直流电机是目前最常见的一种电机形式，可实现直流电能和机械能互相转换，其在社会中的各个领域都有着越来越广泛的应用。直流电机相关技术也受到越来越多人的重视，在近些年得到迅速发展，本节主要介绍了直流电机国内外研究现状、无刷直流电机先进技术、直流电机的应用等相关内容。

3.1.1　国内外研究现状

直流电机分为有刷直流电机和无刷直流电机两种。有刷直流电动机最早应用于工农业生产领域，它自出现以来，便以其优良的转矩控制特性，在运动控制领域中占据主导地位。但是，机械换向问题一直是直流电机的一个弱点，它降低了系统的可靠性，限制了其在很多场合中的使用。为了取代有刷直流电机的机械换向装置，人们进行了长期的探索。1917 年 Bolgior 提出了用整流管代替有刷直流电动机的机械电刷，从而诞生了无刷直流电机的基本思想。

1955 年，美国学者 D.Harrison 首次申请用晶体管的换相线路代替有刷直流电机的机械电刷的专利，这标志着现代无刷直流电机的诞生。而后又经过人们多年的努力，科学技术飞速发展，带来了半导体技术的飞跃，开关型晶体管的研制成功为创造新型的无刷直流电动机带来生机。1962 年，人们借助霍尔元件来实现换向的直流无刷电机问世。20 世纪 80 年代，微电子技术和电力电子技术在各自发展的基础上结合产生了高频化全控型器件，从而使电力电子技术的发展进入了一个新的阶段，新的电力电子器件使电路的控制性能大为改善，使以前难以实现的功能得以实现。目前，电力电子装置朝着集成化的方向发展，无刷直流电机集电机、变速机构、检测元件、控制软件和硬件于一体，形成新一代的电动调速系统，这些使得电机的驱动电路体积更小且设计简化。此外，无刷直流电机的优越调速性能（主要表现在调速方便，调速范围宽，低速性能好，运行平稳，噪声低，效率高）也将使无刷直流电机的应用更加普及。

随着科技的发展，无刷直流电机的控制器经历了模拟控制系统、模拟数字混合控制电路、数字控制系统等阶段。传统的无刷直流电机控制器一般由模拟器件以硬接线的方式构成。然而，模拟元件的物理特性决定了它们具有一些本质上的缺陷，例如元器件的老化和温漂问题等，由于采用了硬接线，系统升级困难，难以满足现代电子系统的设计要求。因此，数字控制系统应运而生。最初的数字控制系统都是以单片机为主控芯片，单片机的种类很多，其中以 C51 系列单片机最为普遍。在单片机控制系统发展的同时，一些厂家开发出了电机控制专用芯片，如用于无刷直流电机控制的 UCC3626、Motorala 高性能微控制器中的智能化外围模块 MC33039 等。这类芯片价格便宜且执行速度快，但是所能实现的控制功能简单，难以满足高性能控制场合的需要。从目前的发展趋势来看，双闭环控制代表着无刷直流电机控制器的发展方向，在过去 20 多年的时间里，它在数字化的无刷直流电机控制技术方面做得相当成熟，得到较为充分的发展。由于无刷直流电机的应用前景广阔，各国都加快了对无刷直流电机新产品开发的速度，增加占领市场的力度。

在我国，无刷直流电机的发展时间较短，但随着技术的日益成熟也得到了快速的发展。我国直流无刷电机的研制工作始于 20 世纪 70 年代初期，主要集中在一些科研院所和高等院校，但限于我国元器件制造工艺能力水平较低，与国际相比仍有一定差距。当前，我国无刷直流电机已在航空航天、电动车、家用电器等多个领域得到广泛应用，并在深圳、长沙、上海等地形成初具规模产业链。此外，我国目前是世界最大的永磁体(生产无刷电机的主要原材料)生产供应基地。相信在未来，中国将会成为全球最大的无刷电机生产国，并在技术上不断取得突破。

然而，中国在无刷直流电机产业的发展过程中也出现了不少的问题，如产业结构不合理、产业集中于劳动密集型产品，技术密集型产品明显落后于发达工业国家，产业能耗大、环境污染严重，企业总体规模小、技术创新能力薄弱等。但随着技术的发展以及国家政策的重视，相信这些问题也会一一得到解决。

目前，世界对无刷直流电机的研究热点主要集中在以下三个方面：

(1)设计可靠、小巧、通用性强的集成化无刷直流电机控制器；

(2)研究无位置传感器控制技术以提高系统的可靠性和缩小电机控制系统的尺寸与重量；

(3)从电机设计和控制策略方面出发，研究无刷直流电机的转矩波动抑制方法，提高其伺服精度，扩大其应用范围。

3.1.2 无刷直流电机先进技术

无刷直流(BLDC)电机因其高效率、低维护和精确控制而广泛应用于各种场合，例如电动汽车、无人机、机器人和工业自动化。然而，无刷直流电机控制也带来了一些挑战，例如复杂的换向、转矩脉动、无传感器操作和降噪。

1. 磁场定向控制和空间矢量调制

磁场定向控制(FOC)是一种通过将定子磁场与转子磁场对齐来独立控制无刷直流电机扭矩和速度的技术。磁场定向控制需要一个反馈机制，例如位置传感器或反电动势估计，以确定转子角度并相应地调整电流。磁场定向控制可以减少转矩脉动，提高效率，并扩展无刷直流电机的速度范围。空间矢量调制(SVM)是一种通过以特定顺序切换逆变器的三相来为无刷直流电机生成最佳电压矢量的方法。空间矢量调制可以降低无刷直流电机的开关损耗、谐波和噪声，提高输出电压和功率。

2. 无传感器控制

无传感器控制是一种技术，通过使用反电动势或电机的端电压和电流来估计转子位置，从而消除了无刷直流电机中对位置传感器的需求。无传感器控制可以降低无刷直流电机的成本、复杂性和尺寸，并提高其鲁棒性和可靠性。然而，无传感器控制也有一些缺点，例如低速运行、启动问题和参数变化。因此，无传感器控制需要先进的算法，如滑模观测器、卡尔曼滤波器或人工神经网络来克服这些挑战，实现精确稳定的控制。

3. 数字控制

数字控制是一种使用微控制器、数字信号处理器或现场可编程门阵列来实现无刷直流电机控制的技术。数字控制可以提供许多优势，例如灵活性、可编程性、可扩展性和集成性。数字控制还可以实现更多功能，例如故障检测、保护、通信和诊断。然而，数字控制也需要精心设计和优化，例如采样频率、分辨率、延迟和抗扰度，以确保无刷直流电机控制的性能和质量。

4. 无线控制

无线控制是一种通过智能手机、平板电脑或笔记本电脑等无线设备与无刷直流电机进行远程通信和远程控制的技术。无线控制可以为无刷直流电机应用提供便利、移动性和可访问性，尤其是在恶劣或危险的环境中。无线控制还可以实现数据收集、分析和可视化，这有助于监控和优化无刷直流电机的性能和效率。然而，无线控制也带来了一些挑战，例如安全性、可靠性和兼容性，这需要适当的加密、认证和协议设计。

5. 智能控制

智能控制是一种利用人工智能、机器学习或深度学习来增强无刷电机自学习、自适应、自优化等控制能力的技术。智能控制可以帮助克服传统控制方法的局限性和不确定性，例如参数变化、非线性、干扰和故障。智能控制还可以实现更多功能，例如预测、分类和识别，从而提高无刷直流电机应用的安全性和智能性。然而，智能控制也需要高计算能力、大数据集和复杂的算法，这会增加无刷直流电机控制系统的成本和复杂性。

3.1.3　直流电机的应用

直流电机是现代工业中最常见的动力设备之一，使用范围非常广泛，从小型电动工具到大型工业机械，无所不包，下面列举了直流电机使用非常普遍的领域。

1. 家用电器领域

家用电器中的吸尘器、洗衣机、电动工具、风扇等都用到了直流电机。这些家用电器中的直流电机通常采用小型、低功率的电机，这些直流电机具有结构简单、维护成本低、使用寿命长的优点，它们可直接从家庭电源中获得电力，因此在家庭中使用十分方便。

2. 工业机械领域

工业机械中的机床、起重机、风力发电机、电动汽车等都用到了直流电机。这些工业机械中的直流电机通常采用大型、高功率的电机，这些直流电机具有高效率、高转矩、精确控制等优点，但是它们需要通过专门的电源进行供电，因此使用起来相对较为复杂。

3. 交通运输领域

交通运输领域中的电动车、电动摩托车、电动自行车等都用到了直流电机。这些交通工具中的直流电机通常采用中型、低功率的电机，这些直流电机具有高效率、低噪声、低振动等优点，它们需要通过电池进行供电，因此使用起来较为方便。

4. 航空航天领域

航空航天领域中的导弹、卫星、飞机等都用到了直流电机。这些航空航天器中的直流电机通常采用小型、高功率的电机，这些直流电机具有高效率、高转矩、精确控制等优点，它们需要通过专门的电源进行供电，因此使用起来较为复杂。

5. 其他领域

除了以上提到的领域之外，直流电机在其他领域中的应用也非常广泛，例如医疗领域、人工智能领域、军事领域等。这些领域中的直流电机通常采用不同规格的电机，但是它们都具有直流电机的共同特点，即高效率、高转矩、精确控制、低噪声、低振动等优点。

3.2 直流电机的认识

3.2.1 实验目的

(1)了解电机实验的基本要求与安全操作规程。

(2)了解电机实验中的设备、仪器、仪表及其使用方法。

(3)掌握并励直流电动机和直流发电机的接线与操作方法。

(4)熟悉电机教学实验台。

3.2.2 实验项目

(1)仪器设备的选择。

(2)直流电阻的测量。

(3)并励直流电动机的启动、调速及转向改变。

(4)直流发电机的电压建立。

(5)熟悉电机教学实验台各部分的构架。

3.2.3 实验仪器与设备

电机教学实验台：主控屏、测功机、转矩转速测量组件、并励直流电动机、220 V 直流可调稳压电源、可调电阻、各种直流电表。

3.2.4 实验方法

1. 伏安法

(1)由实验指导人员讲解电机实验的基本要求、实验台各面板的布置及使用方法、注意事项。

(2)在控制屏上按次序悬挂测功机、电机启动箱及其组件，并检查转速转矩传感器和信号线的连接。

(3)用伏安法测电枢的直流电阻，接线原理图如图 3-1 所示。图中 U：可调直流稳压电源；R：选用调节电阻；V：直流电压表；A：直流电流表；M：直流电机电枢。

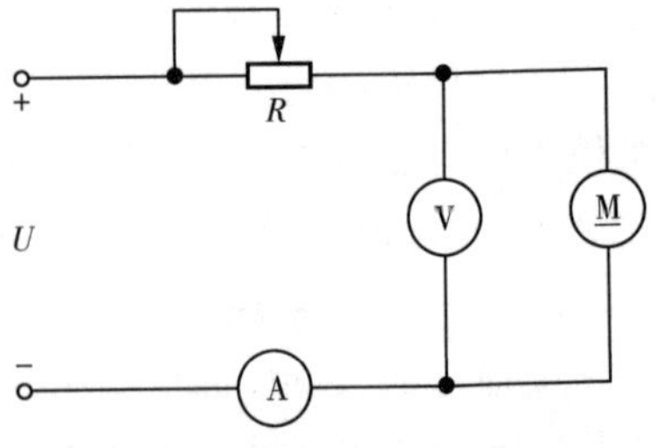

图 3-1 测电枢绕组直流电阻接线图

①经检查接线无误后，逆时针调节磁场调节电阻 R 使至最大。选择合适的直流电压

表量程和直流电流表量程。

②按顺序按下主控制屏绿色“闭合”按钮开关，调节直流稳压电源，建立直流电源，并调节直流电源至220 V输出。

调节R使电枢电流达到10%额定电流（如果电流太大，可能由于剩磁的作用使电机旋转，测量无法进行；如果电流太小，可能由于接触电阻产生较大的误差），迅速测取电机电枢两端电压U_M和电流I_a。将电机转子分别转1/3和2/3周，同样测取U_M，I_a，并记录此时的环境温度θ_0，填入表3-1中。

③增大R（逆时针旋转）使电流分别达到8%额定电流和5%额定电流，用上述方法测取六组数据，填入表3-1。

取三次测量的平均值作为实际冷态电阻值$R_a=\dfrac{R_{a1}+R_{a2}+R_{a3}}{3}$。

表3-1　测量电枢绕组冷态电阻　　（$\theta_0=$____℃）

序号	U_M/V	I_a/A	R/Ω		R_a/Ω	R_{aref}/Ω
1			R_{a11}	R_{a1}		
			R_{a12}			
			R_{a13}			
2			R_{a21}	R_{a2}		
			R_{a22}			
			R_{a23}			
3			R_{a31}	R_{a3}		
			R_{a32}			
			R_{a33}			

表中，$R_{a1}=(R_{a11}+R_{a12}+R_{a13})/3$；$R_{a2}=(R_{a21}+R_{a22}+R_{a23})/3$；$R_{a3}=(R_{a31}+R_{a32}+R_{a33})/3$；$R_{aref}=R_a\dfrac{235+\theta_{ref}}{235+\theta_0}$。

2. 专用直流电阻测试仪

目前，工业中专门用来测试直流电阻的仪器很多，如：直流低电阻测试仪、双臂电桥、单臂电桥等，测量精度都很高，使用前请详细阅读使用说明书或在实验室指导老师指导下进行。

（1）直流仪表、转速表和变阻器的选择。

直流仪表、转速表量程根据电机的额定值和实验中可能达到的最大值来选择，变阻器根据实验要求来选用，并按电流的大小选择串联、并联或串并联的接法。

①电压量程的选择。

如测量电动机两端为220 V的直流电压，选用直流电压表为300 V量程挡。

②电流量程的选择。

如直流电动机的额定电流为12.5 A，测量电枢电流的电表可选用20 A量程挡，额定励磁电流小于1 A，测量励磁电流的毫安表选用1 A量程挡。

③电机额定转速为1 600 r/min，若采用指针表和测速发电机，则选用1 800 r/min量程挡。若采用数字仪表，则不需要量程选择。

④变阻器的选择。

变阻器选用的原则是根据实验中所需的阻值和流过变阻器最大的电流来确定。

(2)直流电动机的启动。

在图 3－2 中，M：直流电动机；MG：直流发电机；R_1：电枢调节电阻；R_{fM}：磁场调节电阻；U_1：可调直流稳压电源；U_2：直流电机励磁电源；V_1：可调直流稳压电源自带电压表；V_2：直流电压表；A_1：可调直流稳压电源自带电流表；mA_1：毫安表，位于直流电机励磁电源部分；R_{fG}：发电机励磁调节电阻；R_2：负载电阻；A_2、mA_2：直流电流表和 mA 表；V_3：直流电压表。

①按图 3－2 接线，检查电动机 M 和发电机 MG 之间是否用联轴器连接好，电机机组及连接线是否接好，电动机励磁回路接线是否牢靠，仪表的量程、极性是否选择正确。

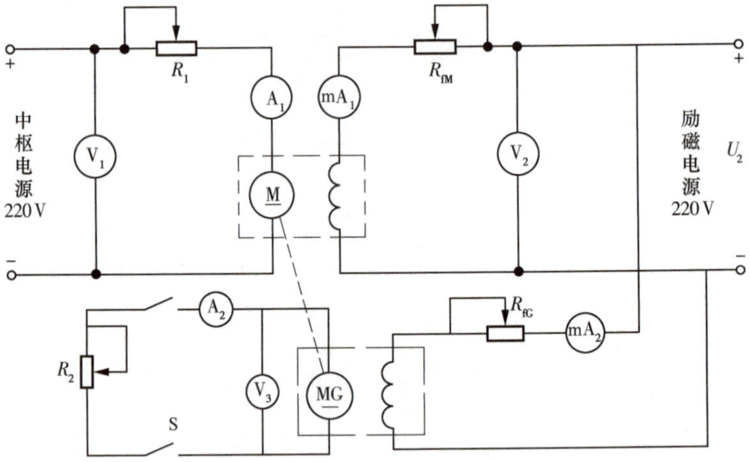

图 3－2　他励直流电动机接线图

②将电动机 M 电枢调节电阻 R_1 调至最大，磁场调节电阻 R_{fM} 调至最小。

③开启控制屏的总电源控制钥匙开关至“开”位置，按次序按下绿色“闭合”按钮开关，先打开励磁电源开关，给 M 加上励磁电流，再打开电枢电源开关，启动电动机。

④减小 R_1 电阻至最小。直流电动机启动完毕。

(3)调节他励电动机的转速。

①分别改变串入电动机 M 电枢回路的调节电阻 R_1 和励磁回路的调节电阻 R_{fM}。

②合上负载开关 S，调节负载电阻 R_2(注意先调节串联部分，在串联部分最小时用导线将串联部分短接，然后再调并联部分，否则会烧断熔断器)，观察 M 与 MG 的电流电压变化情况，以及转矩变化情况。

(4)改变电动机的转向。

将电枢串联启动电阻 R_1 调至最大，先切断主控屏上电枢电源开关，然后切断励磁电源开关使电动机停机，在断电情况下，将电枢(或励磁绕组)的两端接线对调后，再按上述步骤启动电动机，并观察电动机的转向及转速表的指示。

3.2.5　实验报告

(1)计算基准工作温度下各绕组的直流电阻。

由实验测得的绕组电阻值为实际冷态电阻值,冷态温度为室温。按下式换算到基准工作温度时的各绕组电阻值:

$$R_{\text{xref}}=R_{\text{x}}\frac{235+\theta_{\text{ref}}}{235+\theta_0}$$

式中,R_{xref}为换算到基准工作温度时电机各绕组电阻值,单位为 Ω;R_{x} 为各绕组的实际冷态电阻值,单位为 Ω;θ_{ref}为基准工作温度,对于 A,E,B 级绝缘为 75 ℃,对于 F,H,C 级绝缘为115 ℃;θ_0 为实际冷态时各绕组的温度,单位为℃。

(2)画出实验接线图,并标出所选仪表的量程及调节电阻规格。

(3)写出进行电机实验的注意事项及安全操作规程。

(4)分析计算实验结果。

3.2.6　预习要点

(1)直流电动机启动时,为什么置电枢回路的调节电阻在最大位置?

(2)直流电动机启动时,为什么置励磁回路的调节电阻在最小位置?

(3)直流电动机调速及改变转向的方法各有哪几种?

(4)励磁回路断线会有什么后果?

(5)各种电气仪表应如何选择量程?

3.3　直流发电机

3.3.1　实验目的

(1)掌握用实验方法测定直流发电机的空载特性及直流发电机他励和并励时的外特性。

(2)掌握直流发电机自励条件,并观察其自励过程。

3.3.2　实验项目

1. 他励发电机实验

(1)测空载特性:保持 $n=n_{\text{N}}$,$I=0$,测取 $U_0=f(I_{\text{f}})$。

(2)测外特性:保持 $n=n_{\text{N}}$,$I_{\text{f}}=I_{\text{fN}}$,测取 $U=f(I)$。

(3)测调节特性:保持 $n=n_{\text{N}}$,$U=U_{\text{N}}$,测取 $I_{\text{f}}=f(I)$。

2. 并励发电机实验

(1)验证自励建立电压的条件及过程。

(2)测外特性:保持 $n=n_{\text{N}}$,$R_{\text{f0}}=$常数,测得 $U=f(I)$。

3.3.3 实验设备与仪器

电机教学实验台：主控屏、转速转矩测量组件、扭矩测量仪、直流发电机、直流电压、电流表、可调电阻。

3.3.4 实验方法

1. 直流电动机的启动与调速

(1)直流电动机的启动。

重要提示：直流电动机的启动必须先给电动机加上励磁电流（一般加额定励磁电流），再接通电动机的电枢电源。这一顺序不能改变。

直流电动机是严禁直接满压直接启动。因为直流电动机的启动电流 $I_Q=(U-E)/R$。式中：U 为外施电压；$E=C_e\Phi n$ 为电动机的反电动势（n 为电动机的转速）；R 为电枢回路总电阻。由于电动机启动时 $n=0$，即 $E=0$，则启动电流 $I_Q=U/R$，如果电枢回路没有串接外加电阻，那么 $R=R_a$（电枢绕组电阻），一般 R_a 很小，这样在直流电动机的电刷与换向器之间会产生很大的启动电流，严重的会烧毁电刷、换向器和电枢绕组。如果电机容量很大，还会造成大面积的事故和危及人身安全。因此直流电动机的启动必须采取以减小启动电流为目的的相关措施，一般有以下两种方法：

①电枢回路中串联启动电阻。启动电阻的大小根据电机能承受的最大电流和电源允许的最大冲击电流来确定，启动电阻的容量根据流过电阻的电流来确定，待启动完毕后将启动电阻切除。由于要增加额外的启动电阻，加上目前大容量可调直流电源的普及，用电枢回路中串联启动电阻的方法应用已经越来越少。

②降低电枢电压启动。由于大容量可调直流电源越来越普及，降低电枢电压启动直流电动机是普遍采用的方法。一般从零电压开始调节一直达到所需要的转速，注意：使用前一定先确认可调直流电源是否在输出为最小位置。

(2)直流电动机的调速。

为了使直流电动机处于最佳运行状态，掌握直流电动机的调速技巧也是非常重要的。

直流电动机一般有三种调速方法：改变电枢电压调速、改变励磁电流调速（工程中称之为弱磁调速）、电枢回路串电阻调速。图3-3、图3-4和图3-5分别是这三种调速方法的特性曲线。

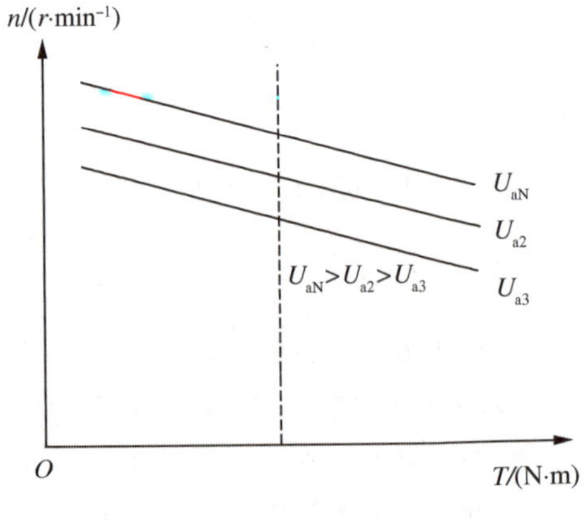

图3-3 改变电枢电压调速

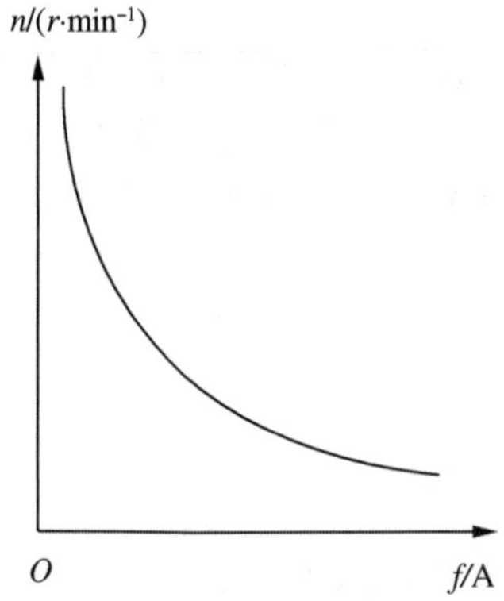

图 3-4　改变励磁电流调速

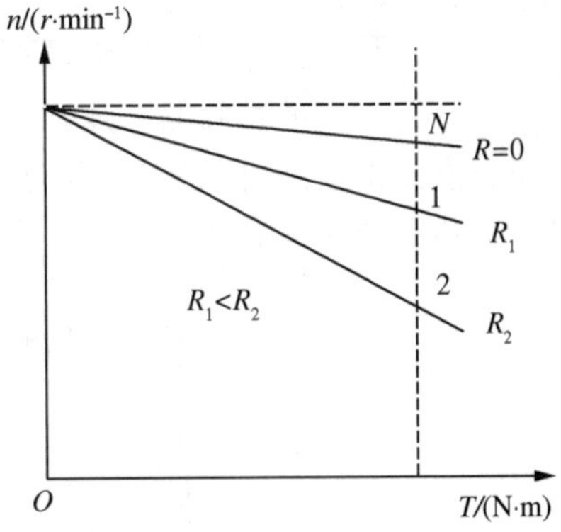

图 3-5　电枢回路串电阻调速

①改变电枢电压调速的调速特点：机械特性的硬度不变，但随着电枢电压的降低，其输出功率近似于与电枢电压成反比的关系下降。因此，此方法适合于在额定转速以下调速，并且只能轻载调速。

②改变励磁电流调速的调速特点：因为一般电机磁通设计得比较饱和，不适合转速往低的方向调速，只适合往高的方向调速，一般只有在额定转速以上时才采用弱磁，并且输出较大的机械功率，效率基本维持不变。

③电枢回路串电阻调速的调速特点：电枢回路串电阻时机械特性的硬度变软，同时串接的电阻要消耗功率，所以，电枢回路串电阻调速也只适合于在额定转速以下调速，输出的机械功率下降，效率下降。

④几种调速方法的配合：为了使直流电动机处于最佳运行状态，调速方法的配合是很重要的，要具体问题具体分析。实验中把握如下原则：电流不能长时间在超过额定电流下工作，转速一般不要超过 130%额定转速，无论是励磁电流还是电枢电压的额定值都应是最佳的。例如：启动一台直流电机，可以首先增加励磁电流至额定励磁，再增加电枢电压使转速上升，如果在额定电枢电压时还没有达到所需要的转速，这个时候再去弱磁；如果想降低转速，首先增加励磁电流使转速下降，当增加励磁电流达到额定励磁电流后再减小电枢电压。一般不允许电枢电压在没有达到额定值时进行弱磁使转速上升的操作。

2. 他励直流发电机

按图 3-6 接线。图中 M 为直流电动机，G 为直流他励发电机（或校正过的直流测功机），两只电机中间为应变式转速转矩传感器（图中未画出），通过与扭矩仪连接进行转速测量。直流电流表 A_1～A_4 选用直流数字安培表，V_1，V_2 选用直流数字电压表。根据铭牌数据选择直流仪表量程，R_{f1}，R_{f2} 分别为 M，G 励磁回路中励磁调节电阻，由于励磁电流较小，可选用容量较小的电阻。R 为 G 的可调负载箱，由于负载电阻较大，选用与 G 额定电流匹配的电阻。S_1，S_2 为开关。将测量仪的测量端口与同机组的测量端口连接。

重要提示：连接转矩、转速信号线时必须断开测量仪的电源。

（1）测空载特性。

①把发电机 G 的负载开关 S_2 打开，接通控制屏上的励磁电源开关，将 R_{f2} 调至使 G

励磁电流最小的位置。

②确认电枢电源输出电压为最小、电枢电源开关处于断开位置，R_{f1}阻值最小。先接通控制屏下方左边的励磁电源开关，在观察到 M 的励磁电流为最大的条件下，再接通控制屏下方右边的电枢电源开关，启动直流电动机 M(注意必须零电枢电压开始启动)，其旋转方向应符合正向旋转的要求。

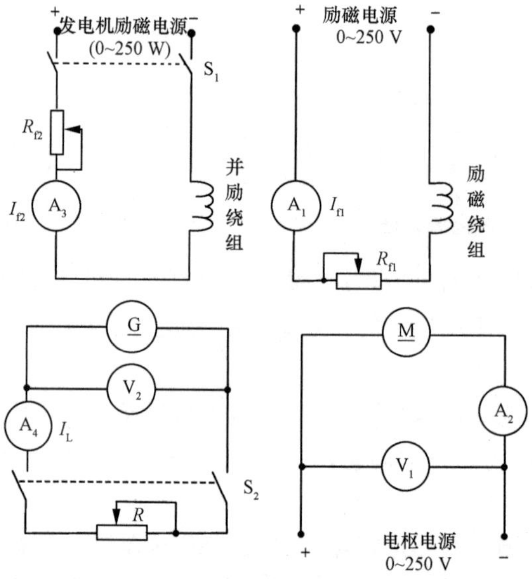

图 3-6　直流他励发电机接线图

③电动机 M 启动正常运转后，调节 M 的电枢电源电压和电动机磁场调节电阻 R_{f1}，使发电机转速达额定值，并在以后整个实验过程中始终保持此额定转速不变。

④调节发电机励磁电压和励磁电阻 R_{f2}，使发电机空载电压达 $U_0=1.2U_N$ 为止。

⑤在保持 $n=n_N$ 条件下，从 $U_0=1.2U_N$ 开始，单方向调节发电机励磁电压和励磁电阻 R_{f2} 使发电机励磁电流逐次减小，每次测取发电机的空载电压 U_0 和励磁电流 I_f，直至 $I_f=0$(此时测得的电压即为电机的剩磁电压)。

⑥测取数据时 $U_0=U_N$ 和 $I_f=0$ 两点必测，并在 $U_0=U_N$ 附近测点应较密。

⑦共测取 7～8 组数据，记录于表 3-2 中。

表 3-2　直流发电机空载实验　　($n=n_N$，$I_L=0$)

U_0/V								
I_f/A								

(2)测外特性。

①把发电机负载电阻 R 调到最大值，合上负载开关 S_2。

②同时调节电动机的磁场调节电阻 R_{f1}，发电机的电阻 R_{f2}、励磁电压和负载电阻 R，使发电机的 $I_L=I_N$，$U=U_N$，$n=n_N$，该点为发电机的额定运行点，其励磁电流称为额定励磁电流 I_{fN}，记录该组数据。

③在保持 $n=n_N$ 和 $I_f=I_{fN}$ 不变的条件下，逐次增加负载电阻 R_2，即减小发电机负载电流 I_L，从额定负载到空载运行点范围内，每次测取发电机的电压 U 和电流 I_L，直到空载(断开开关 S，此时 $I_L=0$)，共取 6～7 组数据，记录于表 3－3 中。

表 3－3　直流发电机外特性实验　($n=n_N=$ ____r/min，$I_f=I_{fN}=$ ____A)

U/V						
I_L/A						

(3)测调整特性。

①调节发电机的分压电阻 R_{f2}，保持 $n=n_N$，使发电机空载达额定电压。

②在保持发电机 $n=n_N$ 条件下，合上负载开关 S_2，调节负载电阻 R，逐次增加发电机输出电流 I_L，同时相应调节发电机励磁电流 I_f，使发电机端电压保持额定值 $U=U_N$。

③从发电机的空载至额定负载范围内每次测取发电机的输出电流 I_L 和励磁电流 I_f，共取 5～6 组数据记录于表 3－4 中。

表 3－4　直流发电机测调整特性实验　($n=n_N=$ ____r/min，$U=U_N=$ ____V)

I_L/A						
I_f/A						

3. 并励发电机实验

(1)观察自励过程。

①先切断电枢电源，然后断开励磁电源使电机 M 停机，磁场调节电阻调到最小值为下次启动做好准备。在断电的条件下将发电机 G 的励磁方式从他励改为并励，接线如图 3－7 所示。R_{f2} 调至最大阻值，打开开关 S_2。

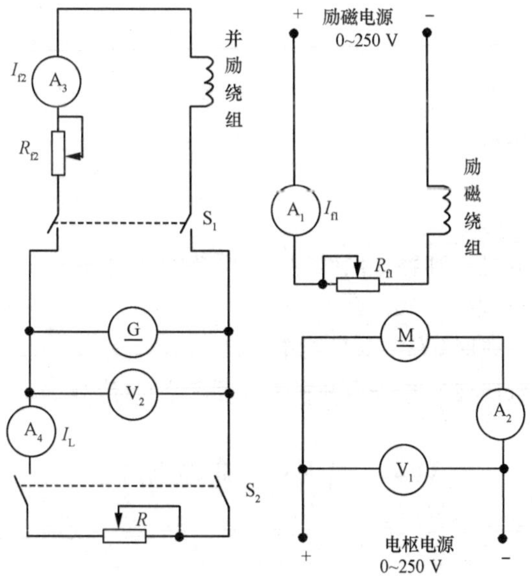

图 3－7　直流并励发电机接线图

②先接通励磁电源，调节至 I_{f1N}，然后启动电枢电源，使电动机启动。调节电动机的转速，使发电机的转速 $n=n_N$，用直流电压表测量发电机是否有剩磁电压，若无剩磁电压，可将并励绕组改接成他励方式进行充磁。

③合上开关 S 逐渐减小 R_{f2}，观察发电机电枢两端的电压，若电压逐渐上升，说明满足自励条件。如果不能自励建立电压，将励磁回路的两个插头对调即可。

④对应着一定的励磁电阻，逐步降低发电机转速，使发电机电压随之下降，直至电压不能建立，此时的转速即为临界转速。

(2)测外特性。

①按图 3-7 接线。调节负载电阻 R 到最大，合上负载开关 S_2。

②调节电动机的磁场调节电阻 R_{f1}、发电机的磁场调节电阻 R_{f2} 和负载电阻 R_2，使发电机的转速、输出电压和电流三者均达额定值，即 $n=n_N$，$U=U_N$，$I_L=I_N$。记录此时的励磁电流 I_f 值，即为额定励磁电流 I_{fN}。

③保持额定值时的 R_{f2} 阻值及 $n=n_N$ 不变，逐次减小负载，直至 $I_L=0$，从额定到空载运行范围内每次测取发电机的电压 U 和电流 I_L。

④共取 6～7 组数据，记录于表 3-5 中。

表 3-5　并励直流发电机外特性实验　（$n=n_N=$____r/min，$R_{f2}=$常值）

U/V						
I_L/A						

3.3.5　实验报告

(1)绘制空载特性曲线 $U_0=f(I_f)$，并计算电机的饱和系数和剩磁电压百分数。

(2)在同一坐标纸上绘制他励、并励和复励发电机的外特性曲线，并计算三种励磁方式下的电压调整率 $\Delta U=\dfrac{U_0-U_N}{U_N}\times 100\%$，并分析产生电压变化率差异的原因。

(3)绘制调节特性曲线 $I=f(I_f)$，并分析为维持发电机端电压不变，负载电流增加时，为什么要增大励磁电流。

3.3.6　预习要点

(1)在测取直流发电机各种特性曲线时，应保持哪些量不变？要保持这些量不变，应调节哪些设备？同时要读取哪些数据？

(2)测取空载特性曲线时，为什么只能单方向调节？

(3)并励直流发电机的自励条件有哪些？不能自励时应如何处理？

3.4　并励直流电动机

3.4.1　实验目的

(1)掌握并励直流电动机工作特性与机械特性的测定方法。

(2)掌握并励直流电动机的调速方法。

3.4.2　实验项目

(1)测取工作特性:保持 $U=U_N$ 和 $I_{fM}=I_{fMN}$,测取 n,T_{em},$\eta=f(P_2)$,$T=f(n)$。

(2)测取调速特性:

①改变电枢电压调速:保持 $U=U_N$,$I_{fM}=I_{fMN}$,T_2=常数,测取 $n=f(U_a)$;

②改变励磁电流调速:保持 $U=U_N$,T_2=常数,测取 $n=f(I_f)$。

(3)观察能耗制动过程。

3.4.3　实验仪器与设备

电机教学实验台:主控屏、转矩转速测量组件、扭矩传感器及测量仪或校正过的直流测功机或涡流测功机、直流电源、直流电表、直流电动机、可调电阻。

3.4.4　实验方法

1. 他励电动机的工作特性和机械特性

(1)按图 3-8 接线。实验前请仔细阅读 3.3.4 节中的实验 1 即直流电动机的启动与调速。图中 GS 为三相同步电动机作为直流电动机的负载电机(部分教学设备选用直流电动机或校正过的直流测功机或涡流测功机,使用方法大同小异),A_1～A_3 为直流电流表、V_1 为直流电压表,V 为交流电压表(直流电机选用直流电压表),A_4～A_6 为交流电流表(直流电机用直流电流表),R_1～R_3 为负载电阻(直流电机只有一个电阻),仪表及负载电阻量程根据铭牌参数进行选择。将转矩转速传感器输出端口接到扭矩仪上,并进行扭矩调零,如果负载电机选的是校正过的直流测功机则需要把电枢电流串联在转矩转速测量挂件中的电枢电流输入线中。

重要提示:连接转矩、转速信号线时必须断开测量仪的电源。

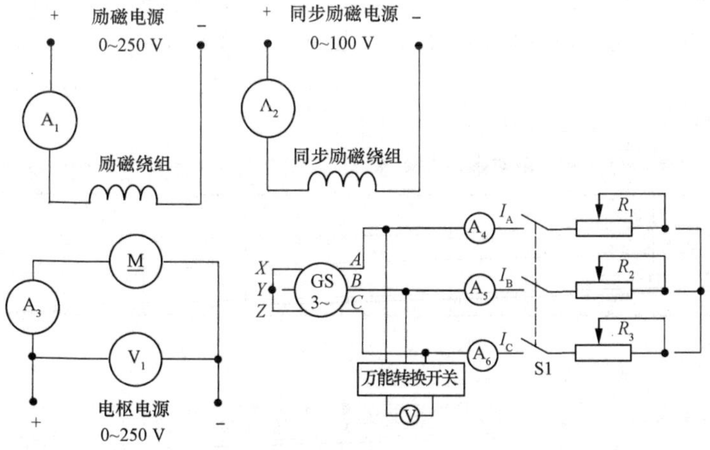

图 3-8　直流他励电动机接线图

(2)检查接线是否正确,仪表的极性、量程选择是否正确,电动机励磁回路接线是否牢固。然后,将“电枢电源”和“励磁电源”的调压旋钮逆时针旋到底,同步发电机的负载电阻 R_1,R_2,R_3 调到最大位置(即三相可调电阻负载箱的手轮逆时针旋到底),断开开关 S_1,并确定“电枢电源”的开关断开,并在输出最小位置做好启动准备。

(3)开启控制屏上的“电源总开关”,按下“启动”按钮,接通“励磁电源”开关,观察 M 的励磁电流值,调节“励磁电源”的电压使 I_{f1} 大于额定值,再接通控制屏右下方的电枢电源开关,使 M 启动(注意必须零电枢电压开始启动)。

(4)M 启动后观察扭矩仪显示转速的极性和电机实际运转的方向应符合要求。平稳调节控制屏上“电枢电源”调压旋钮,使电动机启动。M 启动正常后,调节“电枢电源”的电压为 U_N 并在整个实验过程中保持不变。调节同步电机的励磁电流 I_{f2} 使同步发电机或直流发电机的空载输出电压为 U_N,并保证此时的 U_N 基本不变,再调节其负载电阻 R_1,R_2,R_3 和电动机的励磁电流,使电动机达到额定值:$U=U_N$,$I=I_N$,$n=n_N$。此时 M 的励磁电流 I_f 即为额定励磁电流 I_{fN}。增大负载电阻阻值即减小负载直至空载,在此过程中将读取的数据记录于表 3-6。

表 3-6　他励电动机的工作特性和机械特性　($U=U_N=$____V,$I_f=I_{fN}=$____A)

I_a/A									
n/(r/min)									
T/(N·m)									
P_2/W									

2. 调速特性

(1)改变电枢端电压调速。

①直流电动机 M 运行后,通过调节“电枢电源”“励磁电源”及“同步机励磁电源”的电压,再调节三相可调负载电阻 R_1,R_2,R_3,使 M 的 $U=U_N$,$T=0.5T_N$,$I_f=I_{fN}$。

②保持此时的 $I_f=I_{fN}$,$T=0.5T_N$ 不变的前提下,逐次减小“电枢电源”的电压,降低电枢两端的电压 U_a,每次测取电动机的端电压 U_a,转速 n 和电枢电流 I_a。注意 I_a 不能超过 I_N。

③共取数据 8～9 组,记录于表 3-7 中。

表 3-7　改变电枢端电压调速　($U=U_N=$____V,$T=0.5T_N=$____N·m)

U_a/V									
n/(r/min)									
I_a/A									

(2)改变励磁电流的调速。

①直流电动机运行后,通过调节“电枢电源”“励磁电源”及“同步机励磁电源”的电压,再调节三相可调负载电阻 R_1,R_2,R_3,使 M 的 $U=U_N$,$T=0.5T_N$,$I_f=I_{fN}$。

②保持此时的 $U=U_N$,$T=0.5T_N$ 不变的前提下,逐次减小“励磁电源”的电压,降低励磁电流:直至 $n=1.3n_N$,每次测取电动机的 n,I_f 和 I_a。共取 7～8 组记录于表 3-8 中。

表 3－8　改变励磁电流的调速　($U=U_N=$______V，$T=0.5T_N=$______N·m)

n/(r/min)								
I_f/mA								
I_a/A								

3.4.5　实验报告

(1)绘制并励直流电动机的工作特性曲线：n、T_{em}、$\eta=f(P_2)$及$n=f(T_{em})$。

$$T_{em}=T_2+T_0,P_2=0.105nT_2,P_0=0.105nT_0,P_0=p_{mec}+p_{Fe}+p_{ad}$$

式中，T_2、T_0单位为 N·m，n单位为 r/min，P_2、P_0、p_{mec}、p_{Fe}及p_{ad}单位为 W。

$$\eta=\frac{P_2}{P_1}\times100\%$$

计算时注意：$I=I_a+I_{fN}$。

(2)计算电动机的转速变化率：

$$\Delta n=\frac{n_0-n_N}{n_N}\times100\%$$

(3)绘制并励直流电动机的调速特性曲线$n=f(U_a)$和$n=f(I_f)$，并比较两种调速方法的优缺点。

3.4.6　预习要点

(1)并励直流电动机的励磁回路为什么不能断线？如果断线后果会怎样？

(2)直流电动机的调速原理是什么？调速方法有哪些？各有何特点？

3.5　并励直流电动机的机械特性

3.5.1　实验目的

掌握并励直流电动机机械特性的测定方法。

3.5.2　实验项目

(1)自然机械特性的测定：$U=U_N$，$I_{fM}=I_{fMN}$，$R_2=0$，测取$n=f(T_{em})$。

(2)电枢回路串电阻时人为机械特性的测定：$U=U_N$，$I_{fM}=I_{fMN}$，$R_2=$常数，测取$n=f(T_{em})$。

(3)改变励磁电流时人为机械特性的测定：$U=U_N$，$R_2=0$，$I_{fM}=$常数，测取$n=f(T_{em})$。

(4)改变电枢电压时人为机械特性的测定：$I_{fM}=I_{fMN}$，$U_a=$常数，测取$n=f(T_{em})$。

3.5.3　实验仪器与设备

并励直流电动机-直流发电机组、调节电阻、电气仪表、转矩转速传感器及测量仪(或校正过直流测功机或涡流测功机)、负载电阻等。

3.5.4 实验方法

1. 自然机械特性的测定

实验前请仔细阅读3.3.4中的第1小节即直流电动机的启动与调速。图中GS为三相同步电动机作为直流电动机的负载电机(部分教学设备选用直流电动机或校正过的直流测功机或涡流测功机,使用方法大同小异),$A_1 \sim A_3$为直流电流表、V_1为直流电压表,V为交流电压表(直流电机选用直流电压表),$A_4 \sim A_6$为交流电流表(直流电机用直流电流表),R为电枢回路串联电阻,R_{f1}为励磁调节电阻,$R_1 \sim R_3$为负载电阻(直流电机只有一个电阻),仪表及电阻量程根据铭牌参数进行选择。将转矩转速传感器输出端口接到扭矩仪上,并进行扭矩调零,如果负载电机选的是校正过的直流测功机,则需要把电枢电流串联在转矩转速测量挂件中的电枢电流输入线中。

(1)按图3-9接线,检查无误后启动直流电动机。

(2)调节R在最小位置(即$R=0$),调节可调电枢电源使电动机端电压为额定值,并保持不变。

(3)合上同步励磁电源,使发电机的电枢电压在额定值左右。

(4)合上开关S_1,给电动机增加负载,并找到电动机的额定工作点,即$U=U_N$,$I=I_N$,$n=n_N$三者同时满足。此时的励磁电流即为额定励磁电流I_{fMN},记录此点数据。

(5)在保持$U=U_N$,$I_{fM}=I_{fMN}$不变的条件下,逐渐减小电动机的负载,直到拉开S_1为止,其间共测取5～6组数据。

(6)每次记录电动机的输入电流I、转速n、转矩T_{em},并填入表3-9中。

表3-9 自然机械特性测定 ($U=U_N=$____V,$I_{fM}=I_{fMN}=$____A)

I/A						
n/(r·min^{-1})						
T_{em}/(N·m)						

2. 电枢回路串电阻时人为机械特性的测定

(1)按照图3-9接线,检查无误后启动电动机。

(2)调节R在一定的位置,记录此时的电阻值,并保持不变,可调电枢电源使电动机端电压为额定值并保持不变。

(3)在保持$U=U_N$,$I_{fM}=I_{fMN}$,$R=$常数的条件下,增加电动机负载,直到输入电流达到额定值。然后从输入电流在额定值开始逐渐减小负载,直到拉开S_1为止,其间共测取5～6组数据。

(4)每次记录输入电流I、转速n及转矩T_{em},并填入表3-10中。

表3-10 电枢回路串电阻时的人为机械特性 ($U=U_N=$____V,$I_{fM}=$____A,$R=$____Ω)

I/A						
n/(r·min^{-1})						
T_{em}/(N·m)						

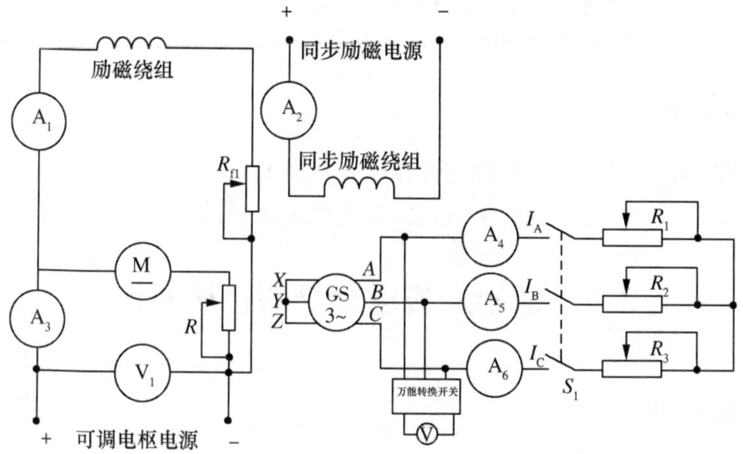

图 3-9　并励直流电动机机械特性实验接线图

3. 改变励磁电流时人为机械特性的测定

(1)调节 $R=0$,调节 R_{f1} 改变励磁电流的大小,记录此时的励磁电流并保持不变。

(2)其余操作方法同自然机械特性的测定。

(3)测取 5～6 组数据,并填入表 3-11 中。

表 3-11　改变励磁电流时的人为机械特性　　($U=U_N=$____V,$I_{fM}=$____A)

I/A						
$n/(\mathrm{r\cdot min^{-1}})$						
$T_{em}/(\mathrm{N\cdot m})$						

4. 改变电枢电压时人为机械特性的测定

(1)调节励磁电源 R_{f1},使 $I_{fM}=I_{fMN}$,并保持不变。

(2)调节 R,改变电枢电压 U_a,用万用表测量此时的电枢电压并保持不变。

(3)其余操作方法同自然机械特性的测定。

(4)测取 5～6 组数据,并填入表 3-12 中。

注意:此时电动机变成他励电动机。

表 3-12　改变电枢电压时的人为机械特性　　($I_{fM}=I_{fMN}=$____A,$U_a=$____V)

I/A						
$n/(\mathrm{r\cdot min^{-1}})$						
$T_{em}/(\mathrm{N\cdot m})$						

3.5.5　实验报告

1. 在同一坐标纸上绘出以下各种机械特性曲线

(1)自然机械特性。

(2)电枢回路串电阻时的人为机械特性。

(3)改变励磁电流时的人为机械特性。

(4)改变电枢电压时的人为机械特性。

2. 比较以上机械特性,并分析产生差异的原因

3.5.6 预习要点

(1)并励直流电动机的自然机械特性曲线是怎样的?

(2)并励直流电动机的各种人为机械特性曲线是怎样的?

3.6 他励直流电动机的机械特性

3.6.1 实验目的

掌握他励直流电动机在各种制动状态时的机械特性及测定方法。

3.6.2 实验项目

(1)电动及回馈制动特性。

(2)电动及反接制动特性。

(3)能耗制动特性。

3.6.3 实验仪器与设备

电机实验教学实验台:主控屏、转矩转速测量组件、可调电阻、直流电表。

3.6.4 实验方法

接线图如图 3-10 所示。图中 M 为并励直流电动机(接成他励方式),MG 为校正直流测功机,V_1,V_2 为直流电压表,A_1,A_3 为直流毫安表,A_2,A_4 为直流电流表,$R_1 \sim R_4$ 为调节电阻。

1. $R_2=0$ 时电动及回馈制动状态下的机械特性

(1)实验前先根据电机铭牌参数选好 $R_1 \sim R_4$ 的容量。

(2)R_1 阻值调至最小位置,R_2,R_3 及 R_4 阻值调至最大位置,转速表置正向量程。开关 S_1,S_2 选用挂箱上的对应开关,并将 S_1 合向 1 电源端,S_2 合向 2′短接端(见图 3-10)。

(3)开机时需确定控制屏下方左、右两边的“励磁电源”开关及“电枢电源”开关都在断开的位置,然后按次序先开启控制屏上的“电源总开关”,再按下“开”按钮,随后接通“励磁电源”开关,最后检查 R_2 阻值确在最大位置时接通“电枢电源”开关,使他励直流电动机 M 启动运转。调节“电枢电源”电压为额定电压;调节 R_2 阻值至零值位置,调节 R_3 阻值,使电流表 A_3 为厂家提供校正曲线的励磁电流并维持不变。

(4)调节电动机 M 的磁场调节电阻 R_1 阻值,和电机 MG 的负载电阻 R_4 阻值,使电动机 M 的$n=n_N$,$I_N=I_f+I_a$。此时他励直流电动机的励磁电流 I_f 为额定励磁电流 I_{fN}。保持$U=U_N$,$I_f=I_{fN}$,A_3 表为校正曲线值。增大 R_4 阻值,直至空载,测取电动机 M 在额

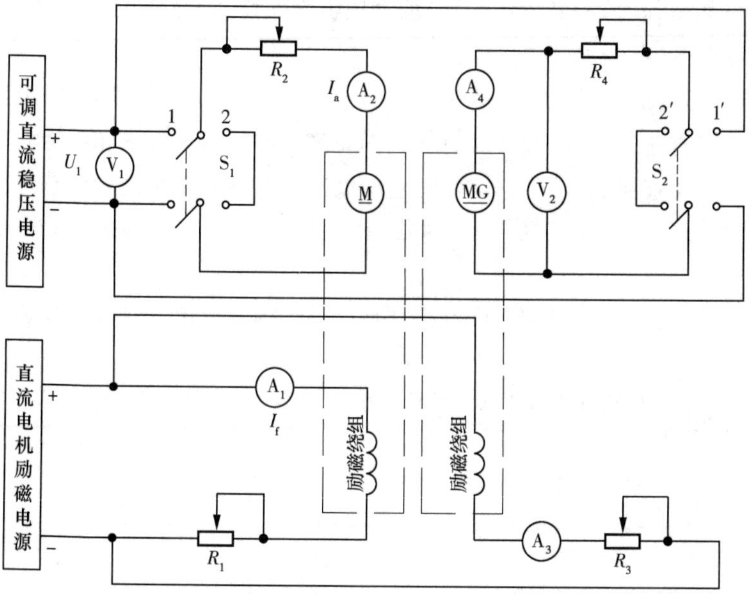

图 3-10　他励直流电动机机械特性测定接线图

定负载至空载范围的n，I_a，共取 8～9 组数据记录于表 3-13 中。

(5)在确定 S_2 上短接线仍拆掉的情况下，把 R_4 调至零值位置，再减小 R_3 阻值，使 MG 的空载电压与电枢电源电压值接近相等(在开关 S_2 两端测)，并且极性相同，把开关 S_2 合向 1′端。

(6)保持电枢电源电压 $U=U_N$，$I_f=I_{fN}$，调节 R_3 阻值，使阻值增加，电动机转速升高，当 A_2 表的电流值为 0 A 时，此时电动机转速为理想空载转速，继续增加 R_3 阻值，使电动机进入第二象限回馈制动状态运行直至转速约为 $1.3n_N$，测取 M 的 n，I_a。共取 8～9 组数据记录于表 3-14 中。

表 3-13　$R_2=0$ 时电动状态下的机械特性　($U_N=$____V，$I_{fN}=$____mA)

I_a/A									
$n/(\text{r}\cdot\text{min}^{-1})$									

表 3-14　$R_2=0$ 时回馈制动状态下的机械特性　($U_N=$____V，$I_{fN}=$____mA)

I_a/A									
$n/(\text{r}\cdot\text{min}^{-1})$									

2. $R_2\neq 0$ 时的电动运行及反接制动状态下的机械特性

(1)在确保断电条件下，改接图 3-10，R_1 阻值不变，将 R_2 调到一定数值，并记录 R_2 的数值。

(2)转速表 n 置正向量程，S_1 合向 1 端，S_2 合向 2′端(短接线仍拆掉)，把电机 MG 电枢的两个插头对调，R_1，R_3 置最小值，R_2 置一定阻值，R_4 置最大值。

(3)先接通“励磁电源”，再接通“电枢电源”，使电动机 M 启动运转，在 S_2 两端测量测功机 MG 的空载电压是否和“电枢电源”的电压极性相反，若极性相反，检查 R_4 阻值确在最大位置时可把 S_2 合向 1′端。

(4)保持电动机的“电枢电源”电压 $U=U_N$，$I_f=I_{fN}$不变，逐渐减小 R_4 阻值，使电机减速直至为零。把转速表的正、反开关打在反向位置，继续减小 R_4 阻值，使电动机进入“反向”旋转，转速在反方向上逐渐上升，此时电动机工作于电势反接制动状态运行，直至电动机 M 的 $I_a=I_{aN}$，测取电动机在第一、四象限的 n，I_a，共取 12～13 组数据记录于表 3-15 中。

(5)停机(必须记住先关断“电枢电源”而后关断“励磁电源”的次序，并随手将 S_2 合向到 2′端)。

表 3-15 $R_2 \neq 0$ 时电动及反接制动状态下的机械特性 ($U_N=$____V，$I_{fN}=$____mA $R_2=$____Ω)

I_a/A												
$n/(r \cdot min^{-1})$												

3. 能耗制动状态下的机械特性

(1)图 3-10 中，R_1 阻值不变，R_2 用固定阻值，R_3 用可调电阻，R_4 阻值不变。

(2)S_1 合向 2 短接端，R_1 置最大位置，R_3 置最小位置，R_4 为固定的某一阻值，S_2 合向 1′端。

(3)先接通“励磁电源”，再接通“电枢电源”，使校正直流测功机 MG 启动运转，调节“电枢电源”电压至 V_N，调节 R_1 使电动机 M 的 $I_f=I_{fN}$，调节 R_3 使电机 MG 励磁电流为校正值，先减少 R_4 阻值电机 M 的能耗制动电流 $I_a=0.8I_{aN}$，然后逐次增加 R_4 阻值，其间测取 M 的 I_a，n，共取 8～9 组数据记录于表 3-16 中。

(4)把 R_2 调定在一固定阻值，重复上述实验操作步骤(2)(3)，测取 M 的 I_a，n，共取 8～9组数据记录于表 3-17 中。

表 3-16 能耗制动状态下的机械特性 ($R_2=$____Ω，$I_{fN}=$____mA)

I_a/A								
$n/(r \cdot min^{-1})$								

当忽略不变损耗时，可近似认为电动机轴上的输出转矩等于电动机的电磁转矩 $T=C_M\Phi I_a$，他励电动机在磁通 Φ 不变的情况下，其机械特性可以由曲线 $n=f(I_a)$来描述。

表 3-17 能耗制动状态下的机械特性 ($R_2=$____Ω，$I_{fN}=$____mA)

I_a/A								
$n/(r \cdot min^{-1})$								

3.6.5 实验报告

根据实验数据，绘制他励直流电动机运行在第一、二、四象限的电动和制动状态及能耗制动状态下的机械特性 $n=f(I_a)$(用同一坐标纸绘出)。

3.6.6　预习要点

(1)回馈制动实验中,如何判别电动机是否运行在理想空载点?

(2)直流电动机从第一象限运行到第二象限,转子旋转方向不变,试问电磁转矩的方向是否也不变?为什么?

(3)直流电动机从第一象限运行到第四象限,其转向反了,而电磁转矩方向不变,为什么?作为负载的 MG,从第一象限到第四象限其电磁转矩方向是否改变?为什么?

第 4 章　变压器实验

4.1　单相变压器的空载、短路与负载特性

4.1.1　实验目的

通过空载、短路和负载实验，掌握单相变压器的参数及工作特性测定方法。

4.1.2　实验项目

1. 测变比

2. 空载实验

测取空载特性：$I_0=f(U_0)$，$P_0=f(U_0)$，$\cos\varphi_0=f(U_0)$。

3. 短路实验

测取短路特性：P_k，U_k，$\cos\varphi_k=f(I_k)$。

4. 负载实验

(1)纯电阻负载外特性：在 $U_1=U_{1N}$，$\cos\varphi_2=1$ 的条件下，测取 $U_2=f(I_2)$。

(2)电感负载外特性：在 $U_1=U_{1N}$，$\cos\varphi_2=0.8$ 的条件下，测取 $U_2=f(I_2)$。

4.1.3　实验仪器与设备

(1)单相变压器、调压器、电气仪表、双刀开关、电阻器、电抗器。

(2)电机教学实验台：三相组式变压器或单相变压器、交流电压表、交流电流表、单三相智能功率、功率因数表、三相可调电阻、波形测试及开关板、三相可调电抗器。

4.1.4　实验方法

1. 空载实验

实验线路如图 4-1 所示。

变压器 T 选用三相组式变压器中的一只或单独的单相变压器。实验时，变压器低压线圈 a，x 接电源，高压线圈 A，X 开路。

A 为交流电流表，V_1，V_2 为交流电压表，W 为功率表。

(1)在三相交流电源断电的条件下，将调压器旋钮逆时针方向旋转到底，并合理选择各仪表量程。

(2)合上交流电源总开关，即按下“开”按钮，接通三相交流电源。调节调压器旋钮，使

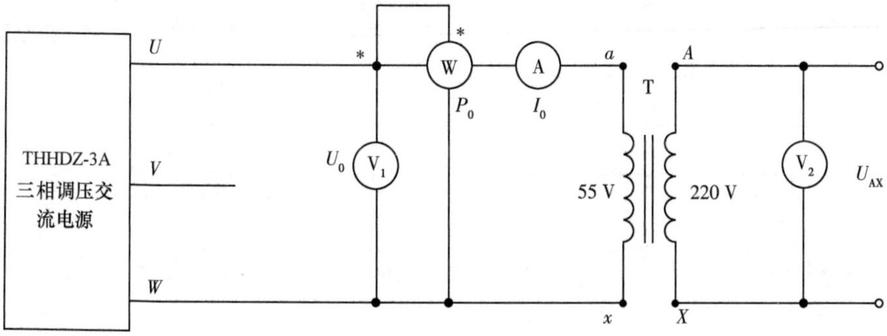

图 4－1　空载实验接线图

变压器空载电压 $U_0=1.2U_N$。然后，逐次降低电源电压，在$(0.5\sim1.2)U_N$的范围内，测取变压器的 U_0，I_0，P_0，共取 6～7 组数据，记录于表 4－1 中。其中 $U=U_N$ 的点必须测，并在该点附近测的点应密些。为了计算变压器的变化，在 U_N 以下测取原方电压的同时测取副方电压，填入表4－1中。

表 4－1　单相变压器空载实验

序号	实　验　数　据				计算数据
	U_0/V	I_0/A	P_0/W	U_{AX}/V	$\cos\varphi_2$

2. 短路实验

实验线路如图 4－2 所示(每次改接线路时，都要关断电源)。

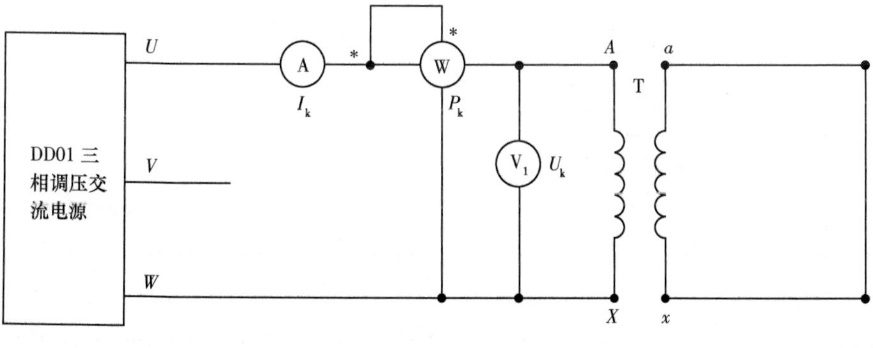

图 4－2　短路实验接线图

实验时，变压器 T 的高压线圈接电源，低压线圈直接短路。

A，V，W 分别为交流电流表、电压表、功率表，选择方法同空载实验。

(1)断开三相交流电源，将调压器旋钮调到输出电压为零的位置。

(2)接通交流电源，逐次增加输入电压，直到短路电流等于 $1.1I_N$ 为止。在$(0.2\sim1.1)I_N$ 范围内测取变压器的 U_k，I_k，P_k，共取 6～7 组数据，记录于表 4－2 中，其中 $I_k=I_N$ 的点必测。并记录实验时周围环境温度 θ(℃)。

表 4－2　单相变压器短路实验　　　　　　（室温 θ=　　℃）

序号	实验数据			计算数据
	U_k/V	I_k/A	P_k/W	$\cos\varphi_k$

3. 负载实验

实验线路如图 4－3 所示。变压器 T 低压线圈接电源，高压线圈经过开关 S_1 和 S_2，接到负载电阻 R_L 和电抗 X_L 上。

(1)纯电阻负载。

①将调压器旋钮调到输出电压为零的位置，S_1，S_2 断开，负载电阻调到最大。

②接通交流电源，逐渐升高电源电压，使变压器输入电压 $U_1=U_N$。

③保持 $U_1=U_N$，合下 S_1，逐渐增加负载电流，即减小负载电阻 R_L 的值，从空载到额定负载范围内，测取变压器的输出电压 U_2 和电流 I_2。

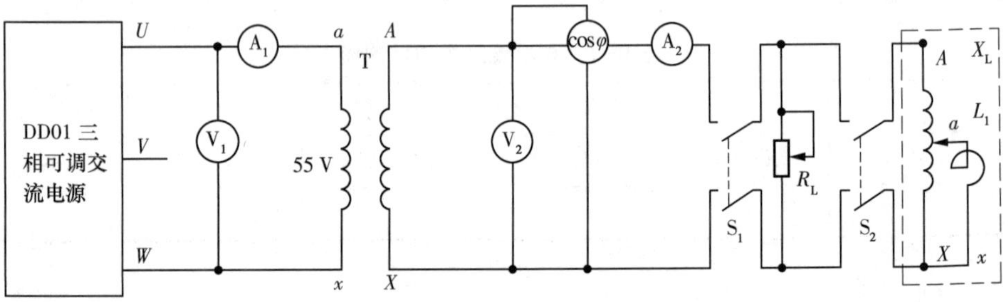

图 4－3　负载实验接线图

④测取数据时，$I_2=0$ 和 $I_2=I_{2N}$ 必测，共取数据 6～7 组，记录于表 4－3 中。

表 4－3　单相变压器负载实验 Ⅰ　　　　（$\cos\varphi_2=1$，$U_1=U_{1N}$=____ V）

序号	1	2	3	4	5	6	7
U_2/V							
I_2/A							

(2)阻感性负载（$\cos\varphi_2=0.8$）（选做）。

①用电抗器 X_L 和 R_L 并联作为变压器的负载，S_1，S_2 打开，电阻及电抗器调至最大。

②接通交流电源，升高电源输出电压至 $U_1=U_{1N}$。

③合上 S_1，S_2，在保持 $U_1=U_{1N}$ 及 $\cos\varphi_2=0.8$ 条件下，逐渐增加负载电流，从空载到额定负载的范围内，测取变压器 U_2 和 I_2，共测取数据 6～7 组，记录于表 4－4 中，其中 $I_2=0$ 和 $I_2=I_{2N}$ 两点必测。

表 4-4　单相变压器负载实验Ⅱ　($\cos\varphi_2=0.8$，$U_1=U_{1N}=$____V)

序号	1	2	3	4	5	6	7
U_2/V							
I_2/A							

4.1.5　实验报告

1. 计算变比

根据测变比实验所得 3 组数据(表 4-1 中记录数据)，分别计算变比 k，取其平均值作为被测试变压器的变比。

2. 根据空载实验数据，作空载特性曲线并计算励磁参数

(1)作空载特性曲线。

①计算标么值 U_0^*，I_0^* 和 $\cos\varphi_0$：

$$U_0^*=\frac{U_0}{U_N}$$

$$I_0^*=\frac{I_0}{I_N}$$

$$\cos\varphi_0=\frac{P_0}{U_0I_0}$$

②将计算得到的数据填入表中，并根据这些数据做空载特性曲线 $I_0=f(U_0)$，$P_0=f(U_0)$及 $\cos\varphi_0=f(U_0)$。

(2)计算励磁参数。

从空载特性曲线上查得空载电压为额定电压($U_0=U_N$)时的 I_0 及 P_0，用以计算励磁参数。

①由于空载电流很小，空载铜耗可以忽略，认为空载实验所测功率即为变压器的铁耗。因此，励磁电阻为：

$$R'_m-\frac{P_0}{I_0^2}$$

②励磁阻抗(忽略一次绕组的漏阻抗)为：

$$Z'_m=\frac{U_0}{I_0}$$

③励磁电抗为：

$$X'_m=\sqrt{Z'^2_m-R'^2_m}$$

④将励磁参数归算到高压侧。因空载实验是在低压侧进行的，故将励磁参数归算到高压侧，则：

$$R_m=k^2R'_m$$

$$Z_m=k^2Z'_m$$

$$X_m=h^2X'_m$$

3. 根据短路实验数据，作短路特性曲线并计算短路参数

(1)作短路特性曲线。

$$U_k = f(I_k), P_k = f(I_k) \text{ 及 } \cos\varphi_k = f(I_k)$$

式中，$\cos\varphi_k = \dfrac{P_k}{U_k I_k}$。

(2)计算短路参数。

从短路特性曲线上查得短路电流等于额定电流(即 $I_k = I_N$)情况下的短路电压 U_k 和短路损耗 P_k。

①计算实验温度 θ 下的短路参数：

$$Z_k = \frac{U_k}{I_K}$$

$$R_k = \frac{P_k}{I_k^2}$$

$$X_k = \sqrt{Z_k^2 - R_k^2}$$

②计算基准工作温度下的短路参数 $R_{k75℃}$(换算方法参考 2.2)和 $Z_{k75℃}$(注：F，H，C 级绝缘的基准工作温度为 115 ℃)：

$$Z_{k75℃} = \sqrt{R_{k75℃}^2 + X_k^2}$$

③计算短路电压(阻抗电压)百分数：

$$u_k\% = \frac{I_N Z_{k75℃}}{U_N} \times 100\%$$

$$u_{kR}\% = \frac{I_N R_{k75℃}}{U_N} \times 100\%$$

$$u_{kx}\% = \frac{I_N X_k}{U_N} \times 100\%$$

式中，$u_k\%$为阻抗电压百分数。中小型电力变压器为 3%～8%；大型电力变压器为 8%～15%。

④计算短路电流为额定电流时的短路损耗：

$$P_{kN} = I_{kN}^2 R_{k75℃}$$

式中，P_{kN}为短路电流等于额定电流时的短路损耗，单位为 W。

4. 根据空载和短路实验测定的参数，画出被测试变压器的 T 形等效电路图

5. 根据负载实验数据，计算电压调整率 Δu

(1)作纯电阻负载的外特性曲线。

根据纯电阻负载实验数据，绘出外特性曲线 $U_2 = f(I_2)$。

(2)作电感性负载的外特性曲线。

根据电感性负载实验数据，绘出外特性曲线 $U_2 = f(I_2)$。

(3)按下式分别计算两种性质负载($\cos\varphi_2 = 1$，$\cos\varphi_2 = 0.8$)下被测试变压器的电压调整率 Δu：

$$\Delta u\% = \beta(u_{kR}\cos\varphi_2 + u_{kx}\sin\varphi_2) \times 100\%$$

式中，β 为变压器的负载系数，$\beta=\frac{I_2}{I_{2N}}$。

将上式计算结果与由外特性曲线所得的结果 $\Delta u\%=\frac{U_{2N}-U_2}{U_{2N}}\times 100\%$进行比较，并分析负载性质对变压器输出电压 U_2 的影响。

6. 确定变压器的效率 η

(1)用间接法计算功率因数 $\cos\varphi_2=0.8$，不同负载电流时被测试变压器的效率。

$$\eta=\frac{P_2}{P_1}\times 100\%=\frac{P_2}{P_2+P_0+\beta^2 P_{kN}}\times 100\%$$

式中，$P_2=\beta S_N\cos\varphi_2$，单位 W；$\beta$ 为负载系数；S_N 为变压器的额定容量，单位 VA；P_0 为额定电压下的空载损耗，单位 W。

①取 β=0.2，0.4，0.6，0.8，1.0，1.2，计算出各点效率。

②将计算数值记录于表 4-5 中。

表 4-5　单相变压器效率计算结果

序号	β	$\cos\varphi_2$	P_2/W	P_0/W	$\beta^2 P_{kN}$/W	η

③作效率曲线 $\eta=f(P_2)$。

(2)计算被测试变压器最大效率时的负载系数：

$$\beta_m=\sqrt{\frac{P_0}{P_{kN}}}$$

4.1.6　预习要点

(1)在空载与短路实验中，各种仪表怎样联结才能使测量误差最小？

(2)如何用实验方法测定变压器的铁耗与铜耗？

(3)变压器空载及短路实验时应注意哪些问题？一般电源应接在哪一侧比较合适？

4.2　三相变压器的空载、短路与负载特性

4.2.1　实验目的

(1)通过空载和短路实验，测定三相变压器的变比和参数。

(2)通过负载实验，测取三相变压器的运行特性。

4.2.2　实验项目

1. 测定变比

2. 空载实验

测取空载特性 I_0^*，P_0，$\cos\varphi_0=f(U_0^*)$。

3. 短路实验

测取短路特性 $P_k, U_k, \cos\varphi_k = f(I_k)$。

4. 负载实验

(1)纯电阻负载外特性:保持 $U_1 = U_{1N}, \cos\varphi_2 = 1$ 的条件下,测取 $U_2 = f(I_2)$。

(2)电感性负载外特性:保持 $U_1 = U_{1N}, \cos\varphi_2 = 0.8$ 的条件下,测取 $U_2 = f(I_2)$。

4.2.3 实验仪器与设备

电机教学实验台:交流电压表、交流电流表、单三相智能功率及功率因数表、三相心式变压器、三相可调电阻器、波形测试及开关板。

4.2.4 实验方法

1. 测定变比

实验线路如图 4-4 所示,被测试变压器选用三相三线圈心式变压器,额定容量见铭牌,Y, y_0 接法。实验时只用高、低压两组线圈,低压线圈接电源,高压线圈开路。

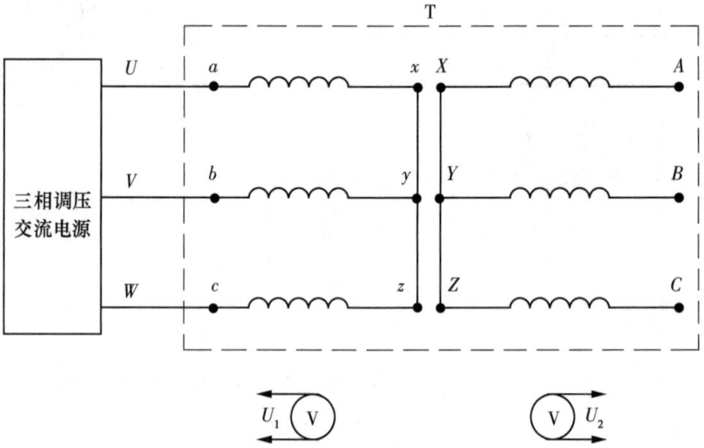

图 4-4 三相变压器变比实验接线图

(1)将三相交流电源调到输出电压为零的位置。并合理选择各仪表量程。

(2)合上交流电源总开关,即按下"开"按钮,调节调压器旋钮,使变压器空载电压 $U_0 = 0.5U_N$,此时的 U_N 为变压器低压绕组额定电压。测取高、低压线圈的线电压 $U_{AB}, U_{BC}, U_{CA}, U_{ab}, U_{bc}, U_{ca}$,记录于表 4-6 中。

表 4-6 测定三相变压器变比

U/V		k_{AB}	U/V		k_{BC}	U/V		k_{CA}	k
U_{AB}	U_{ab}		U_{BC}	U_{bc}		U_{CA}	U_{ca}		

表中,$k_{AB} = U_{AB}/U_{ab}$,$k_{BC} = U_{BC}/U_{bc}$,$k_{CA} = U_{CA}/U_{ca}$,$k = \frac{1}{3}(k_{AB} + k_{BC} + k_{CA})$。

2. 空载实验

实验线路如图 4-5 所示，变压器 T 选用三相心式变压器。实验时，变压器低压线圈接电源，高压线圈开路。功率表接线时，需注意电压线圈和电流线圈的同名端，避免接错线。

(1)接通电源前，先将交流电源调到输出电压为零的位置。合上交流电源总开关，即按下“开”按钮，调节调压器旋钮，使变压器空载电压 $U_0=1.2U_N$，式中的 U_N 为变压器低压绕组额定电压。

(2)逐次降低电源电压，在$(0.2\sim1.2)U_N$ 范围内，测取变压器的三相线电压、线电流和功率，共测取 6～7 组数据，记录于表 4-7 中。其中 $U=U_N$ 的点必须测，并在该点附近多测几组。

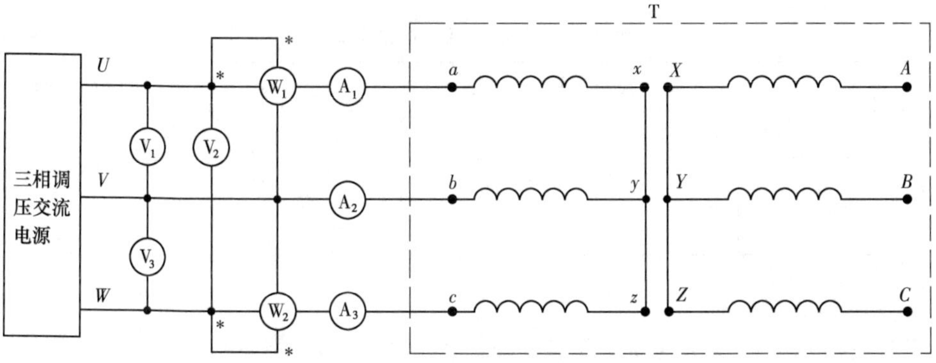

图 4-5　三相变压器空载实验接线图

表 4-7　三相变压器空载实验

序号	实验数据								计算数据			
	U_0/V			I_0/A			P_0/W		U_0/V	I_0/A	P_0/W	$\cos\varphi_0$
	U_{ab}	U_{bc}	U_{ca}	I_{a0}	I_{b0}	I_{c0}	$P_{0\mathrm{I}}$	$P_{0\mathrm{II}}$				

3. 短路实验

实验线路如图 4-6 所示。变压器 T 高压线圈接电源，低压线圈直接短路。

(1)接通电源前，将交流电源输出电压调至零的位置。

(2)按下“开”按钮，接通三相交流电源，逐渐增大电源电压，使变压器的短路电流 $I_k=1.1I_N$，式中的 I_N 为变压器高压绕组的额定电流。

(3)逐次降低电源电压，在$(0.2\sim1.1)I_N$ 的范围内，测取变压器的三相输入电压、电流及功率，共取 5～6 组数据，记录于表 4-8 中，其中 $I_k=I_N$ 点必测。实验时，记下周围环境温度(℃)，作为线圈的实际温度。

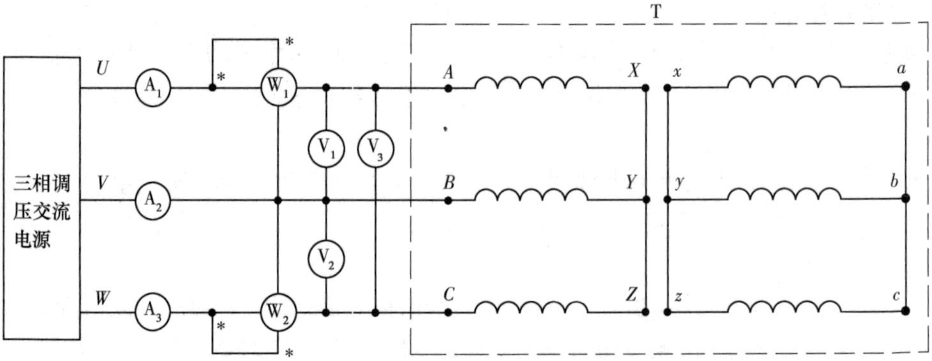

图 4-6　三相变压器短路实验接线图

表 4-8　三相变压器短路实验　　　(θ=____℃)

序号	实验数据								计算数据			
	U_k/V			I_k/A			P_k/W		U_k/V	I_k/A	P_k/W	$\cos\varphi_k$
	U_{AB}	U_{BC}	U_{CA}	I_A	I_B	I_C	$P_{k\text{I}}$	$P_{k\text{II}}$				

4. 纯电阻负载实验

实验线路如图 4-7 所示，变压器低压线圈接电源，高压线圈经开关 S 接负载电阻 R_L，R_L 选用合适变阻器。

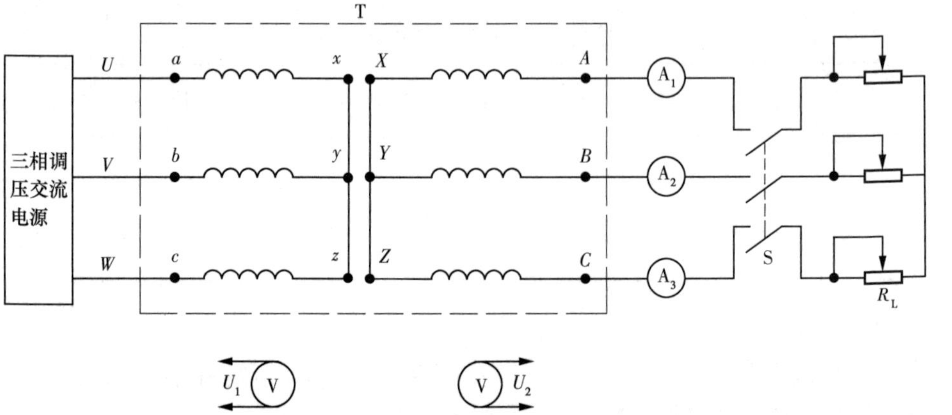

图 4-7　三相变压器负载实验接线图

(1)将负载电阻 R_L 阻值调至最大，按下“开”按钮接通电源，调节交流电压，使变压器的输入电压 $U_1=U_{1N}$。

(2)在保持 $U_1=U_{1N}$ 的条件下，合上开关 S 逐次增加负载电流，从空载到额定负载范围内，测取三相变压器输出线电压和相电流，共取 7～8 组数据，记录于表 4-9 中，其中 $I_2=0$ 和 $I_2=I_N$ 两点必测。

表 4-9　三相变压器纯电阻负载实验（$U_1=U_{1N}=$____ V，$\cos\varphi_2=1$）

序　号	U/V				I/A			
	U_{AB}	U_{BC}	U_{CA}	U_2	I_A	I_B	I_C	I_2

4.2.5　实验报告

1. 根据实验完成以下报告

(1)计算变压器的变比。

根据实验数据，计算出各项的变比，然后取其平均值作为变压器的变比。

$$k_{AB}=\frac{U_{AB}}{U_{ab}},k_{BC}=\frac{U_{BC}}{U_{bc}},k_{CA}=\frac{U_{CA}}{U_{ca}},k=\frac{1}{3}(k_{AB}+k_{BC}+k_{CA})$$

(2)根据空载实验数据作空载特性曲线并计算励磁参数。

①绘出空载特性曲线 $U_0=f(I_0)$，$P_0=f(U_0)$，$\cos\varphi_0=f(U_0)$。

$$U_0=(U_{ab}+U_{bc}+U_{ca})/3$$

$$I_0=(I_{a0}+I_{b0}+I_{c0})/3$$

$$P_0=P_{0\text{I}}+P_{0\text{II}}$$

$$\cos\varphi_0=\frac{P_0}{\sqrt{3}U_0I_0}$$

②计算折算到高压侧的励磁参数。

从空载特性曲线查出对应于 $U_0=U_N$ 时的 I_0 和 P_0 值，并由下式求取励磁参数。

$$R_m=\frac{P_0}{3I_0^2},Z_m=\frac{U_0}{\sqrt{3}I_0},X_m=\sqrt{Z_m^2-R_m^2}$$

则折算到高压侧的励磁参数为：

$$R_m=k_\varphi^2R'_m,X_m=k_\varphi^2X'_m,Z_m=k_\varphi^2Z'_m$$

(3)绘出短路特性曲线和计算短路参数。

①绘出短路特性曲线 $U_k=f(I_k)$，$P_k=f(I_k)$，$\cos\varphi_k=f(I_k)$。

$$U_k=(U_{AB}+U_{BC}+U_{CA})/3$$

$$I_k=(I_A+I_B+I_C)/3$$

$$P_k=P_{k\text{I}}+P_{k\text{II}}$$

$$\cos\varphi_k=\frac{P_k}{\sqrt{3}U_kI_k}$$

②计算折算到高压侧的短路参数。

从短路特性曲线查出对应于 $I_k=I_N$ 时的 U_k 和 P_k 值，并由下式算出实验环境温度为 θ ℃时的短路参数。

$$R'_k=\frac{P_k}{3I_N^2},Z'_k=\frac{U_k}{\sqrt{3}I_N},X'_k=\sqrt{{Z'_k}^2-{R'_k}^2}$$

换算到基准工作温度的短路参数为 $R_{k75℃}$ 和 $Z_{k75℃}$，计算出阻抗电压。

$$u_k=\frac{\sqrt{3}I_N Z_{k75℃}}{U_N}\times 100\%$$

$$u_{kR}=\frac{\sqrt{3}I_N R_{k75℃}}{U_N}\times 100\%$$

$$u_{kX}=\frac{\sqrt{3}I_N X_k}{U_N}\times 100\%$$

$I_k=I_N$ 时的短路损耗 $P_{kN}=3I_N^2 R_{k75℃}$。

(4)利用由空载和短路实验测定的参数，画出被测试变压器的"Γ"形等效电路。

(5)变压器的电压变化率 Δu。

①根据实验数据绘出 $\cos\varphi_2=1$ 时的特性曲线 $U_2=f(I_2)$，由特性曲线计算出 $I_2=I_{2N}$ 时的电压变化率 Δu。

$$\Delta u=\frac{U_{2N}-U_2}{U_{2N}}\times 100\%$$

②根据实验求出的参数，算出 $I_2=I_N$，$\cos\varphi_2=1$ 时的电压变化率 Δu。

$$\Delta u=\beta(u_{kR}\cos\varphi_2+u_{kX}\sin\varphi_2)$$

(6)绘出被测试变压器的效率特性曲线。

①用间接法算出在 $\cos\varphi_2=0.8$ 时，不同负载电流时的变压器效率，记录于表 4-10 中。

表 4-10　变压器效率计算结果　($\cos\varphi_2=0.8$，$P_0=$____W，$P_{kN}=$____W)

I_2^*	P_2/W	η
0.2		
0.4		
0.6		
0.8		
1.0		
1.2		

$$\eta=\left(1-\frac{P_0+I_2^{*2}P_{kN}}{I_2^* S_N\cos\varphi_2+P_0+I_2^{*2}P_{kN}}\right)\times 100\%$$

式中，$I_2^* S_N\cos\varphi_2=P_2$；$S_N$ 为变压器的额定容量；P_{kN} 为变压器 I_k-I_N 时的短路损耗；P_0 为变压器的 $U_0=U_N$ 时的空载损耗。

②计算被试三相变压器 $\eta=\eta_{max}$ 时的负载系数 $\beta_m=\sqrt{\dfrac{P_0}{P_{kN}}}$。

4.2.6　预习要点

(1)如何用双瓦特计法测三相功率？空载和短路实验应如何合理选择和连接仪表？

(2)三相心式变压器的三相空载电流是否平衡？为什么？

(3)如何测定三相变压器的铁耗、铜耗及其效率？

(4)变压器空载和短路实验应注意哪些问题？为什么空载实验在低压侧进行，而短路实验在高压侧进行？

4.3　三相变压器的极性和联结组

4.3.1　实验目的

(1)掌握用实验方法测定三相变压器的极性。

(2)掌握用实验方法判别三相变压器的联结组。

4.3.2　实验项目

(1)测定相间极性。

(2)测定一、二次绕组极性。

(3)连接并判定以下联结组：

①$Y,y0$；②$Y,y6$；③$Y,d11$；④$Y,d5$。

4.3.3　实验仪器与设备

电机教学实验台：交流电压表、交流电流表、三相变压器、单三相智能功率及功率因数表、波形测试及开关板、示波器。

4.3.4　实验方法

1. 测定相间极性

(1)用万用表欧姆挡测出三相变压器 12 个出线端间的通断情况和电阻的大小，找出高压绕组和低压绕组。高压绕组的电阻大于低压绕组的电阻。在高压绕组上暂定标记为 AX，BY，CZ。

(2)按图 4-8 接线，Y 与 Z 短接。在 A 相施加一单相低电压(约 $50\%U_{N\varphi}$)，用电压表(最好是高内阻电压表)测取 U_{BC}，U_{BY}，U_{CZ}。若 $U_{BC}=|U_{BY}-U_{CZ}|$，则 B，C 相的标记正确；若 $U_{BC}=|U_{BY}+U_{CZ}|$，则 B，C 相的标记错误，应将 B，C 相的任一相(不能二相)的标记互换(如将 B，Y 换为 Y，B)。用同样的方法在 B 相施加一低电压，决定 A，C 相间极性，使 A 相的标记正确。测定结束后，给每相绕组的首末端按国家标准作出标记。

2. 测定一、二次绕组极性

(1)测定相间极性时，给一次侧某一相绕组加低电压时，同时测量二次侧三个绕组的相电压。在二次侧绕组中感应电压最大的那一个绕组即是与一次侧绕组处在同一铁芯柱的二次侧绕组，如在一次侧 BY 绕组上施加低电压，则在二次侧感应电压最大的那个绕组即为 by，且处在 B 相铁芯柱上。根据以上原则，暂定二次侧绕组标记为 ax，by，cz。

(2)按实验接线图 4-9 接线。将一、二次绕组中点用导线连接起来，在一次侧绕组上施加三相低电压(约 50%U_N),测量 U_{AX},U_{BY},C_{CZ},U_{ax},U_{by},U_{cz},U_{Aa},U_{Bb},U_{Cc}。若$U_{Aa}=U_{AX}-U_{ax}$,则 U_{AX}与 U_{ax} 同相,并且 A 与 a 端极性相同(即为同名端);若 $U_{Aa}=U_{AX}+U_{ax}$,则 A 与 a 端极性相反。用同样的方法判别 B,C 两相一、二次绕组的极性。测出二次侧绕组的极性后,给二次侧每相绕组的首末端按国家标准作上标记。

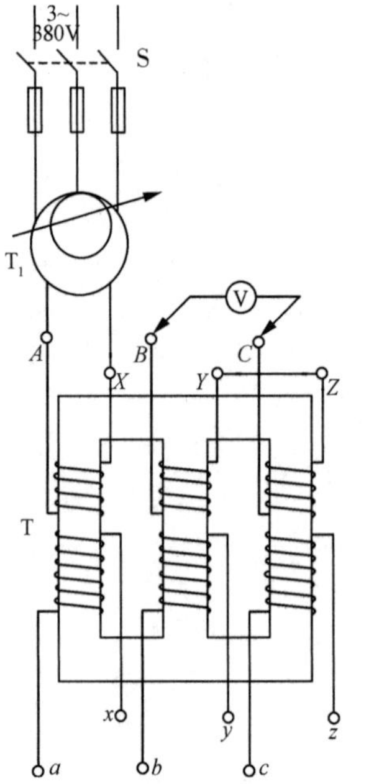

图 4-8　测定相间极性接线图

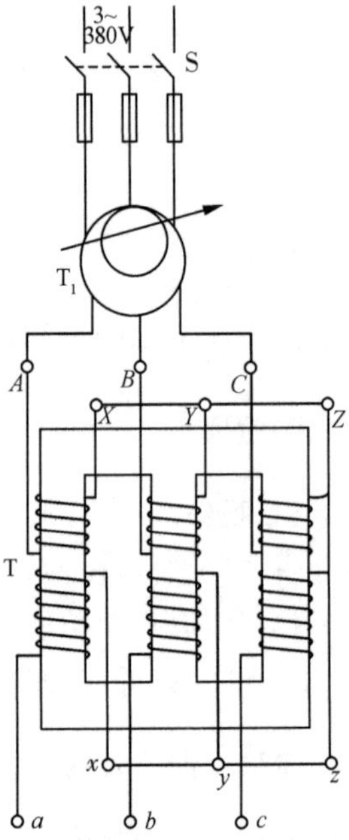

图 4-9　测定高低压绕组极性的接线图

3. 校验联结组

(1)Y,y0 联结组。

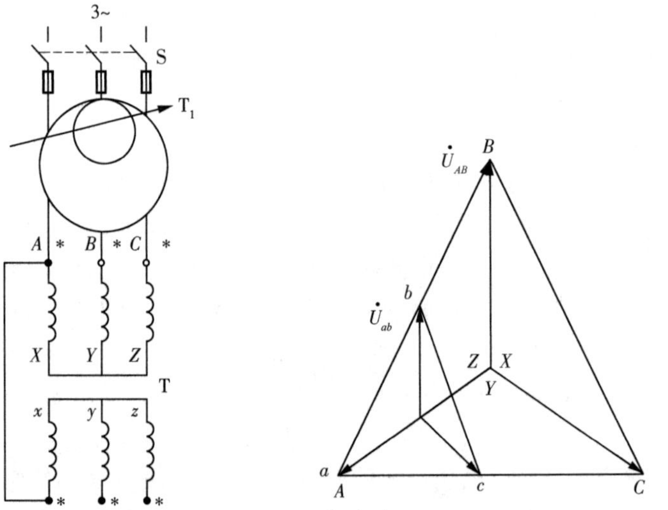

(a) 接线图　(b) 相量图

图 4-10　Y,y0 联结组

根据 $Y,y0$ 联结组的相量图[如图 4－10(b)]可知：

$$U_{Bb}=U_{Cc}=(k-1)U_{ab}$$

$$U_{Bc}=U_{ab}\sqrt{k^2-k+1}$$

式中，$k=\dfrac{U_{AB}}{U_{ab}}$。

按实验接线图 4－10(a)接线，将三相变压器绕组接成 $Y,y0$ 联结组，A 与 a 端用导线连接起来。然后经调压器 T_1 在一次侧施加 50％的额定电压 U_{1N}，分别测量 U_{AB}，U_{ab}，U_{Bb}，U_{Cc} 及 U_{Bc}。

如果所测数据符合上面的分式，则表示绕组联结正确，属于 $Y,y0$ 联结组。

(2)$Y,y6$ 联结组。

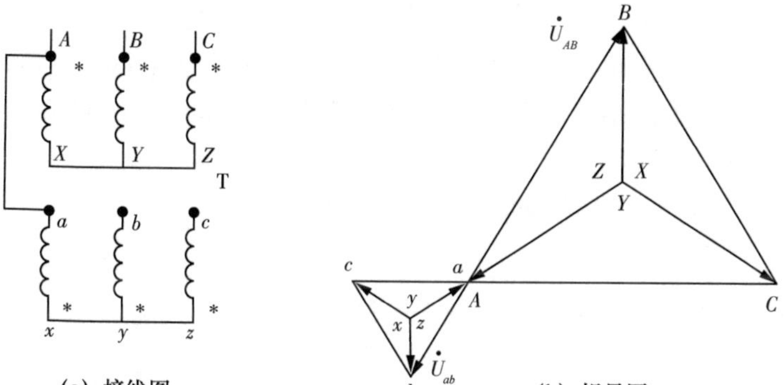

(a) 接线图　　(b) 相量图

图 4－11　$Y,y6$ 联结组

根据 $Y,y6$ 联结组的相量图[如图 4－11(b)]可知：

$$U_{Bb}=U_{Cc}=(k+1)U_{ab}$$

$$U_{Bc}=U_{ab}\sqrt{k^2+k+1}$$

式中，$k=\dfrac{U_{AB}}{U_{ab}}$。

按实验接线图 4－11(a)接线，将三相变压器绕组接成 $Y,y6$ 联结组(即将三相变压器二次侧绕组首末端标记对换)，将 A 与 a 用导线连接起来。同样，在一次侧施加 50％的额定电压 U_{1N}，分别测量 U_{AB}，U_{ab}，U_{Bb}，U_{Cc} 及 U_{Bc}。

如果所测数据符合上面的公式，则表示绕组联结正确，属于 $Y,y6$ 联结组。

(3)$Y,d11$ 联结组。

根据 $Y,d11$ 联结组的相量图[如图 4－12(b)]可知：

$$U_{Bb}=U_{Cc}=U_{ab}\sqrt{k^2-\sqrt{3}k+1}$$

$$U_{Bc}=U_{ab}\sqrt{k^2-\sqrt{3}k+1}$$

式中，$k=\dfrac{U_{AB}}{U_{ab}}$。

按实验接线图 4－12(a)接线，将二相变压器绕组接成 $Y,d11$ 联结组，将 A 与 a 用导

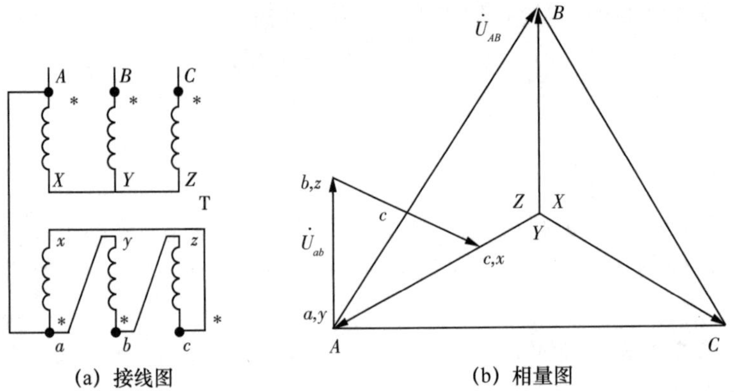

图 4-12 Y,d11 联结组

线连接起来。在一次侧施加 50%的额定电压 U_{1N},分别测量 U_{AB},U_{ab},U_{Bb},U_{Cc} 及 U_{Bc}。

如果所测数据符合上面的公式,则表示绕组联结正确,属于 Y,d11 联结组。

(4)Y,d5 联结组。

根据 Y,d5 联结组的相量图[如图 4-13(b)]可知:

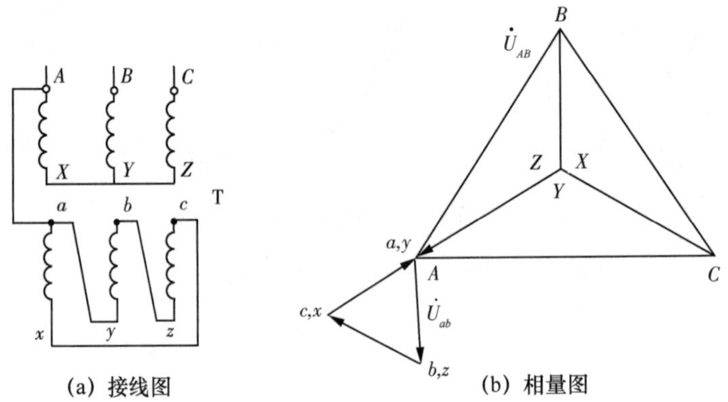

图 4-13 Y,d5 联结组

$$U_{Bb}=U_{Cc}=U_{ab}\sqrt{k^2+\sqrt{3}k+1}$$

$$U_{Bc}=U_{ab}\sqrt{k^2+\sqrt{3}k+1}$$

式中,$k=\dfrac{U_{AB}}{U_{ab}}$。

按实验接线图 4-13(a)接线,将三相变压器绕组接成 Y,d5 联结组(即将二次侧绕组首末端对换),将 A 与 a 用导线连接起来。在一次侧施加 50%的额定电压 U_{1N},分别测量 U_{AB},U_{ab},U_{Bb},U_{Cc} 及 U_{Bc}。

如果所测数据符合上面的公式,则表示绕组联结正确,属于 Y,d5 联结组。

4.3.5 实验报告

(1)将实验所得几种联结组的实验数据与计算值填于表 4-11 中,并加以比较。

(2)分析实验结果，提出存在的问题以及解决办法。

表 4-11　三相变压器联结组校验实验

联结组	U_{Bb}/V		U_{Cc}/V		U_{Bc}/V		U_{AB}/V	U_{ab}/V	k
	实验值	计算值	实验值	计算值	实验值	计算值			
$Y,y0$									
$Y,y6$									
$Y,d11$									
$Y,d5$									

4.3.6　预习要点

(1)我国有哪几种标准的三相变压器联结组？

(2)如何把 $Y,y0$ 联结组改接成 $Y,y6$ 联结组；把 $Y,d11$ 联结组改接成 $Y,d5$ 联结组？

(3)$Y,y0$；$Y,y6$；$Y,d11$ 及 $Y,d5$ 联结组相量图分别是怎样的？

4.3.7　附表

表 4-12　变压器联结组校核公式（设 $U_{ab}=1$，$U_{AB}=k_LU_{ab}=k_L$）

组　别	$U_{Bb}=U_{Cc}$	U_{Bc}	U_{Bc}/U_{Bb}
0	k_L-1	$\sqrt{k_L^2-k_L+1}$	>1
1	$\sqrt{k_L^2-\sqrt{3}k_L+1}$	$\sqrt{k_L^2+1}$	>1
2	$\sqrt{k_L^2-k_L+1}$	$\sqrt{k_L^2+k_L+1}$	>1
3	$\sqrt{k_L^2+1}$	$\sqrt{k_L^2+\sqrt{3}k_L+1}$	>1
4	$\sqrt{k_L^2+k_L+1}$	k_L+1	>1
5	$\sqrt{k_L^2+\sqrt{3}k_L+1}$	$\sqrt{k_L^2+\sqrt{3}k_L+1}$	$=1$
6	k_L+1	$\sqrt{k_L^2+k_L+1}$	<1
7	$\sqrt{k_L^2+\sqrt{3}k_L+1}$	$\sqrt{k_L^2+1}$	<1
8	$\sqrt{k_L^2+k_L+1}$	$\sqrt{k_L^2-k_L+1}$	<1
9	$\sqrt{k_L^2+1}$	$\sqrt{k_L^2-\sqrt{3}k_L+1}$	<1

续表

组　别	$U_{Bb}=U_{Cc}$	U_{Bc}	U_{Bc}/U_{Bb}
10	$\sqrt{k_L^2-k_L+1}$	k_L-1	<1
11	$\sqrt{k_L^2-\sqrt{3}k_L+1}$	$\sqrt{k_L^2-\sqrt{3}k_L+1}$	$=1$

4.4　三相变压器的不对称短路

4.4.1　实验目的

(1)研究三相变压器几种不对称短路对一次侧电流、电压的影响。

(2)观察分析三相变压器不同铁芯结构和不同绕组联结法对空载电流和电动势波形的影响。

4.4.2　实验项目

(1)测定 Y,yn 联结的三相变压器的零序阻抗。

(2)不对称短路:

①Y,yn 单相短路;

②Y,y 两相短路;

③Y,d 单相短路。

(3)观察不同铁芯结构和不同绕组联结法对空载电流和电动势波形的影响。

4.4.3　实验仪器与设备

电机教学实验台:交流电压表、交流电流表、三相组式变压器、三相心式变压器、单三相智能功率及功率因数表、波形测试及开关板、示波器。

4.4.4　实验方法

1. 测定 Y,yn 联结的三相变压器的零序阻抗

(1)三相心式变压器。

三相心式变压器三相零序电流大小相等、相位相同,故测它的零序阻抗时可将二次绕组 ax,by,cz 接成串联,外加单相电压,一次绕组开路,接线图如图 4-14 所示。

按实验接线图 4-14 接线。置调压器 T_1 输出在零位置。合上开关 S,调节调压器输出电压使空载电流 $I_0=1.25I_{N\varphi}$和 $I_0=0.5I_{N\varphi}$时,分别记录不同电流下的功率 P_0、电压 U_0 和空载电流 I_0。

①零序(励磁)参数的计算(Y,yn 联结变压器)。

$$Z_0=\frac{U_0}{3I_0}$$

$$R_0=\frac{P_0}{3I_0^2}$$

$$X_0=\sqrt{Z_0^2-R_0^2}$$

②分别计算 $I_0=0.25I_{N\varphi}$ 和 $I_0=0.5I_{N\varphi}$ 下的零序阻抗、零序电阻和零序电抗，取它们的平均值作为被测三相变压器的零序阻抗、零序电阻和零序电抗，并计算出它们的标么值。

$$\begin{cases} Z_0^*=\dfrac{Z_0 I_{N\varphi}}{U_{N\varphi}} \\ R_0^*=\dfrac{R_0 I_{N\varphi}}{U_{N\varphi}} \\ X_0^*=\dfrac{X_0 I_{N\varphi}}{U_{N\varphi}} \end{cases}$$

式中，$I_{N\varphi}$，$U_{N\varphi}$ 分别为三相变压器的额定相电流、相电压。

(2)三相组式变压器。

三相组式变压器各相磁路彼此独立，因此可用三相组式变压器中任一台单相变压器作空载实验，测定其零序阻抗。

根据空载实验求得的励磁参数即为零序参数。

2. 不对称短路

(1)Y,yn 联结单相短路。

三相心式变压器按实验接线图 4-15 接线。置调压器 T_1 输出在零位置。合上开关

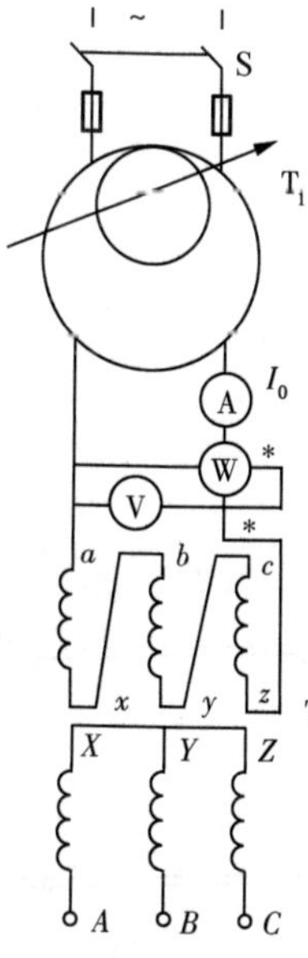

图 4-14　测零序阻抗接线图

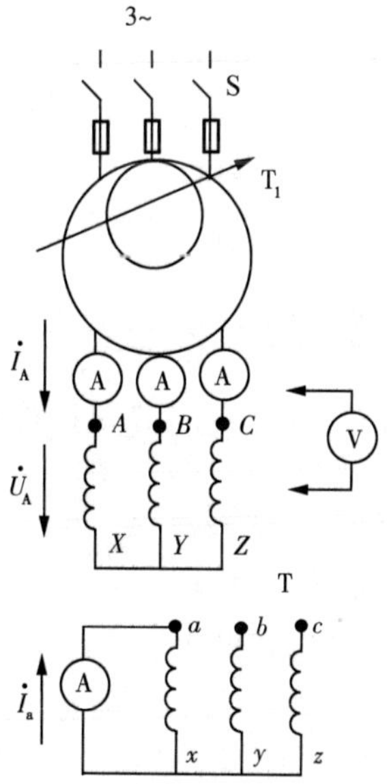

图 4-15　Y,yn 单相短路的接线图

S,调节调压器使输出电压升高,使短路电流 $I_k=I_{N\varphi}$(二次侧额定相电流)为止。读取一次侧的下列数据:$I_A,I_B,I_C,U_{A\varphi},U_{B\varphi},U_{C\varphi},U_{AB},U_{BC},U_{CA}$。

单相短路时一次侧电流的计算:

①二次侧电流:

$$\dot{I}_a=\dot{I}_k$$

$$\dot{I}_b=0$$

$$\dot{I}_c=0$$

②一次侧电流(忽略励磁电流):

$$\dot{I}_A=-\frac{2}{3}\frac{\dot{I}_k}{k_\varphi}$$

$$\dot{I}_B=\frac{1}{3}\frac{\dot{I}_k}{k_\varphi}$$

$$\dot{I}_C=\frac{1}{3}\frac{\dot{I}_k}{k_\varphi}$$

式中,k_φ 为相电压比。

③一次侧中性点位移电压:

$$\dot{U}_{OO'}=k_\varphi\frac{1}{3}\dot{I}_k Z_0$$

三相组式变压器将上述实验中被试三相变压器换为三相组式变压器,重复上述实验。

(2)Y,y 联结两相短路。

按实验接线图 4-16 接线。置调压器 T_1 输出在零位置。合上开关 S,调节调压器使输出电压升高,使短路电流 $I_k=I_{N\varphi}$ 为止,读取一次侧的下列数据:$I_A,I_B,I_C,U_{A\varphi},U_{B\varphi},U_{C\varphi},U_{AB},U_{BC},U_{CA}$。

两相短路时一次侧电流和一次侧相电压的计算:

①二次侧电流:

$$\dot{I}_a=\dot{I}_k$$

$$\dot{I}_b=-\dot{I}_k$$

$$\dot{I}_c=0$$

②一次侧电流(忽略励磁电流):

$$\dot{I}_A=-\dot{I}_B=-\frac{\dot{I}_k}{k_\varphi}$$

式中,k_φ 为相电压比。

③一次侧相电压:

$$U_{A\varphi}=U_{B\varphi}=U_{C\varphi}=\frac{U_{AB}}{\sqrt{3}}=\frac{U_{BC}}{\sqrt{3}}=\frac{U_{CA}}{\sqrt{3}}$$

(3)Y,d 单相短路。

按实验接线图 4-17 接线。置调压器 T_1 输出在零位置,合上开关 S,调节调压器 T_1

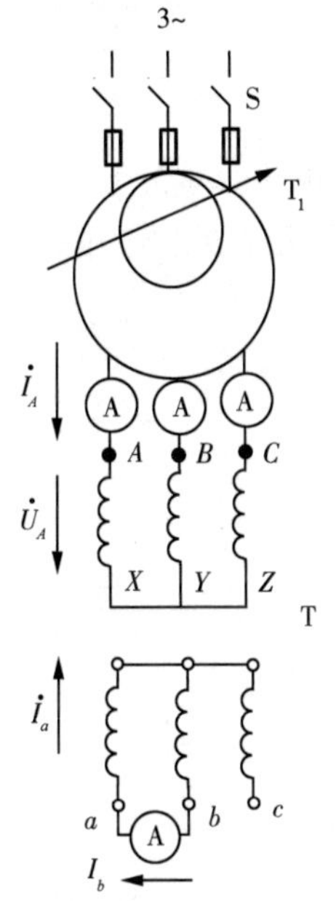

图 4－16　*Y*, *y* 联结两相短路接线图

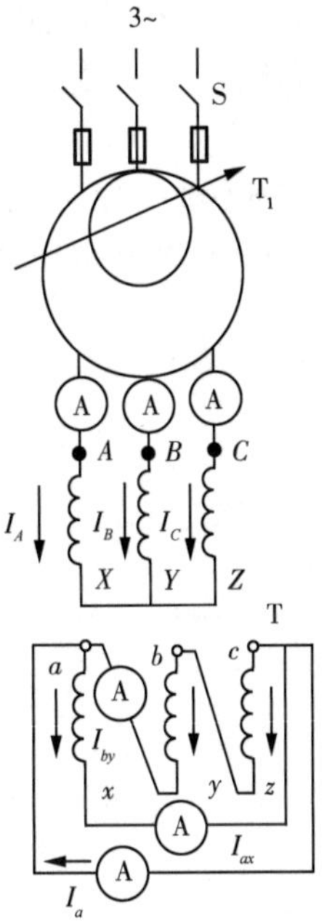

图 4－17　*Y*, *d* 联结单相短路接线图

使输出电压升高到 $I_{ax}=I_{N\varphi}$ 为止。在一次侧读取 I_A, I_B, I_C, $U_{A\varphi}$, $U_{B\varphi}$, $U_{C\varphi}$, U_{AB}, U_{BC}, U_{CA}，在二次侧读取 I_k, I_{ax}, I_{by}, U_{ab}, U_{bc}, U_{ca}。

单相短路时，一次侧电流和一次侧相电压的计算：

①二次侧电流：

$$I_{by}=I_{cz}=\frac{I_{ax}}{2}$$

$$I_{ca}=I_k=I_{ax}+I_{by}$$

②一次侧电流：

$$I_A=\frac{I_{ax}}{k_\varphi}$$

$$I_B=I_C=\frac{I_{by}}{k_\varphi}$$

式中，k_φ 为相电压比。

③一次侧相电压：

$$U_{A\varphi}=U_{B\varphi}=U_{C\varphi}=\frac{U_{AB}}{\sqrt{3}}$$

3. 分别观察三相心式和组式变压器几种联结方法时的空载电流和电动势波形

(1)*Y*, *y* 联结。

实验接线如图 4－18 所示，三相变压器作 *Y*, *y* 联结，不带中线，S_2 断开，电源电压加于高压绕组。在外施电压为 $0.5U_N$ 和 U_N 两种情况下，用示波器观察空载电流 i_0 波形和二次侧相电动势 e_φ 与线电动势 e_1 的波形。空载电流信号从串联电阻 *R* 上引出；相电动势信号可以从二次侧任一相引出；线电动势信号可以从二次侧任两相间引出。同时，测量二次侧相电压和线电压，计算二者之比值。

(2)YN,y 联结。

实验接线仍如图 4－18 所示，但将开关 S_2 闭合接通中线。重复实验(1)步骤，观察空载电流 i_0 波形和二次侧相电动势 e_φ 及线电动势 e_1 波形，并测量相电压和线电压，计算电压比值。

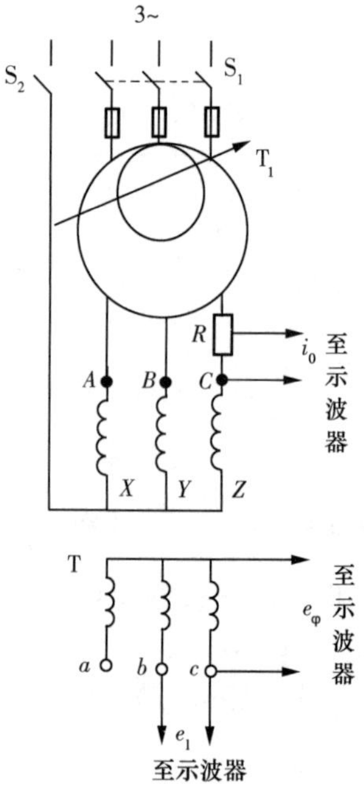

图 4－18　观察 Y,y 联结三相变压器空载电流和电动势波形

(3)Y,d 联结。

实验接线如图 4－19 所示，开关 S_2 不合上，使二次绕组不构成封闭三角形。调节一次侧外施电压至额定值。用示波器观察一次侧相电动势 e_φ 波形，测量和观察开关 S_2 两端谐波电压。

开关 S_2 闭合，使二次绕组组成封闭三角形。调节一次侧外施电压至额定值，观察一次侧电动势波形，测量三角形内部谐波电流。

更换实验变压器(三相心式变压器改为三相组式变压器)，重复上述各种观察，并作分析对比。

4.4.5　实验报告

根据实验所得实验结果，完成以下报告内容：

(1)将不同联结组短路时的实测值与计算值列表进行分析比较。

(2)计算零序参数。

(3)用实测值作出不同联结组短路的电压相量图。

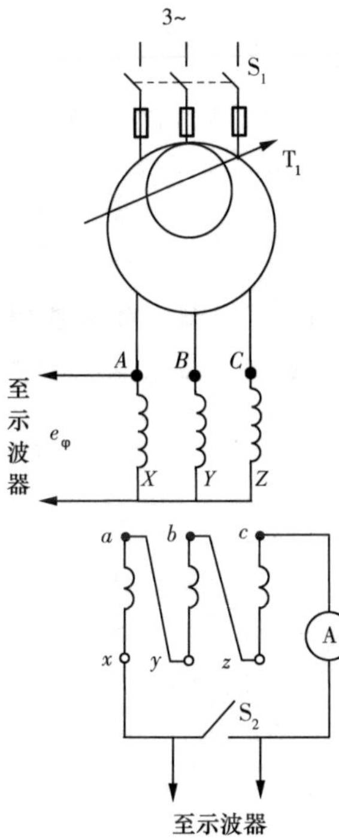

图 4－19　观察 Y,d 联结三相变压器空载电流和电动势波形

(4)分析三相变压器的不同联结组和不同铁芯结构在不对称负载下的空载电流和电动势的波形。

4.4.6　预习要点

(1)在不对称短路情况下,哪种联结的三相变压器电压中点偏移最大?为什么?

(2)三相组式变压器为什么不能带单相负载?

4.5　三相变压器的并联运行

4.5.1　实验目的

(1)学习三相变压器投入并联运行的方法。

(2)研究并联运行时各台变压器的负载分配情况。

4.5.2　实验项目

(1)两台三相变压器空载投入并联运行。

(2)阻抗电压相等的两台三相变压器并联运行。

(3)阻抗电压不相等的两台三相变压器并联运行。

4.5.3 实验仪器与设备

电机教学实验台：交流电压表、交流电流表、三相心式变压器、三相可调电抗器、三相可调电阻器、波形测试及开关板。

4.5.4 实验方法

实验线路如图 4－20 所示。图中变压器 1 和 2 选用两台三相心式变压器，其中低压绕组不用。由实验 4.3 方法确定三相变压器原、副方极性后，根据变压器的铭牌接成 Y,y 接法。

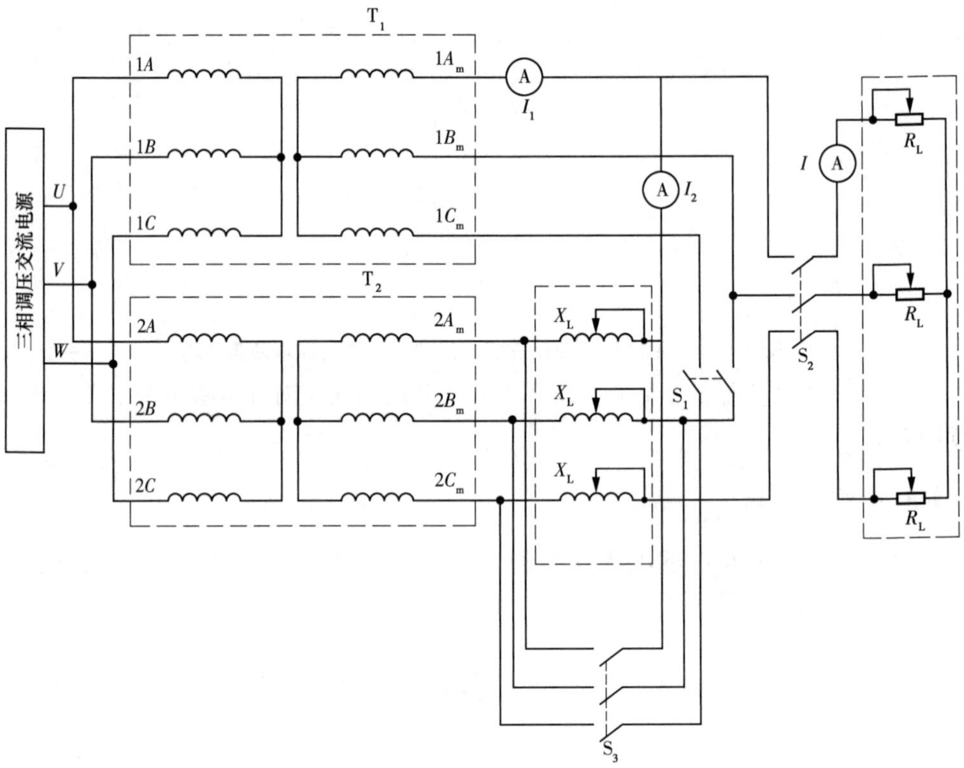

图 4－20 三相变压器并联运行实验接线图

将两台变压器的高压绕组并连接电源，中压绕组经开关 S_1 并联后，再由开关 S_2 接负载电阻 R_L。

为了人为地改变变压器 T_2 的阻抗电压，在变压器 T_2 的副方串入电抗 X_L（或电阻 R）。要注意选用 R_L 和 X_L（或 R）的允许电流应大于实验时实际流过的电流。

1. 两台三相变压器空载投入并联运行的步骤

(1)检查变比和连接组。

①接通电源前，先打开 S_1，S_2，合上 S_3。

②接通电源，调节变压器输入电压至额定电压。

③测出变压器副方电压，若电压相等，则变比相同，测出副方对应相的两端点间的电

压，若电压均为零，则联结组相同。

(2)投入并联运行。

在满足变比相等和联结组相同的条件后，合上开关 S_1，即投入并联运行。

2. 阻抗电压相等的两台三相变压器并联运行

(1)投入并联后，合上负载开关 S_2。

(2)在保持 $U_1 = U_{1N}$ 不变的条件下，逐次增加负载电流，直至其中一台输出电流达到额定值为止，测取 I, I_1, I_2，共取5～6组数据，记录于表4-13中。

表4-13　阻抗电压相等的两台三相变压器并联运行

序　号	I_1/A	I_2/A	I/A

3. 阻抗电压不相等的两台三相变压器并联运行

(1)打开短路开关 S_3，在变压器 T_2 的副方串入电抗 X_L(或电阻 R_L)，X_L 的数值可根据需要调节。

(2)重复前面实验，测取 I, I_1, I_2，共取5～6组数据，记录于表4-14中。

表4-14　阻抗电压不相等的两台三相变压器并联运行

序　号	I_1/A	I_2/A	I/A

4.5.5　实验报告

根据实验所得实验结果，完成以下报告内容：

(1)根据实验2作负载分配曲线 $I_{\mathrm{I}} = f(I)$ 和 $I_{\mathrm{II}} = f(I)$。式中 I_{I}、I_{II}、I 分别为第Ⅰ台、第Ⅱ台三相变压器输出电流三相平均值和相应的负载电流三相平均值。

(2)根据实验3作负载分配曲线 $I_{\mathrm{I}} = f(I)$ 和 $I_{\mathrm{II}} = f(I)$。

(3)分析实验中阻抗电压对负载分配的影响。

4.5.6　预习要点

(1)三相变压器的并联运行条件有哪些？组号不同的两台三相变压器并联后会产生什么严重后果？

(2)阻抗电压对负载分配的影响是什么？

第5章　异步电机实验

5.1　异步电机概述

异步电机是一种常见的电动机，它在自动化控制系统、制造业、工程机械、交通运输等领域广泛应用。近年来随着国内电机制造技术的不断提高和工业自动化程度的不断提升，国内企业对于三相异步电动机控制电路的研究也越来越重视。本节主要介绍了异步电机国内外研究现状、异步电机先进技术、异步电机的应用等相关内容。

5.1.1　国内外研究现状

三相异步电动机控制电路的国内外研究现状可以从以下几个方面进行概述。

1.国内研究现状

随着我国改革开放的进一步深入以及加入 WTO，我国小功率电机又迎来了一个全新的发展阶段，这一阶段大量的外资企业进入我国，在为我们带来先进的管理经验的同时也带来了先进的技术和生产设备。国内企业借机吸收引进国外先进的技术，投入大量资金进行技术改造，引进不少先进制造设备和测试设备，大大提升了国内小功率电机行业的技术水平。

我国在三相异步电动机控制电路方面的研究起步较晚，但近年来随着国内电机制造技术的不断提高和工业自动化程度的不断提升，国内企业对于三相异步电动机控制电路的研究也越来越重视。一些企业在引进国外先进技术的基础上，通过自主研发，已经取得了一些重要的研究成果，如浙江大学的陈立泉教授团队，他们研发的“交-直-交”三相异步电动机控制电路，实现了高效节能和精准控制。另外，国内一些高校和研究机构也在三相异步电动机控制电路方面进行了深入的研究，如清华大学、华中科技大学、上海交通大学等高校，他们在电机控制算法、电力电子技术、传感器技术等方面取得了很多重要的研究成果。

2.国外研究现状

国外在三相异步电动机控制电路方面的研究相对较早，早在20世纪60年代，国外就已经开始了对于三相异步电动机控制电路的研究。在控制方法方面，国外的研究相对较为成熟，已经形成了一套比较完整的控制理论和控制方法体系，如矢量控制、直接转矩控制、模糊控制等。在电力电子技术方面，国外的研究也比较先进，他们已经实现了交-直-交变频器、IPM(智能功率模块)等高效电力电子设备的应用，大大提高了电机的控制精度和效率。总体来说，国外在三相异步电动机控制电路方面的研究起步较早，已经形成了比较完整的理论和方法体系，并在电力电子技术方面具有很大的优势。

5.1.2　关键技术

异步电机是一种常见的交流电机类型，它在许多领域中得到广泛应用。以下是一些国内外在异步电机领域中的关键技术。

(1)高效率设计。为了提高异步电机的效率，研究人员正在开发新的高效设计技术。这包括优化电机的磁路设计、改进导磁材料的性能，以及采用先进的线圈设计等。高效率设计可提高电机的能源利用效率，减少能源消耗和碳排放。

(2)磁场调制技术。磁场调制技术可以通过在转子上放置磁体来改变电机的磁场分布。这种技术可以提高电机的功率因数和效率，减小转子的铜损耗，降低电机的噪声和振动水平。

(3)传感器无刷技术。传统的异步电机通常需要安装位置传感器来实现闭环控制，但传感器的安装和维护成本较高。近年来，研究人员提出了一种传感器无刷技术，利用电机内部的反电动势信号和电流信息来实现闭环控制，从而降低了系统的成本和复杂性。

(4)软启动和变频控制。软启动技术可以减小电机起动时的电流冲击，降低对电网的影响。变频控制技术可以通过调节电机的供电频率和电压来实现对电机转速和转矩的精确控制，提高系统的运行效率和响应性。

(5)磁轴承技术。磁轴承技术可以取代传统的机械轴承，利用磁悬浮力来支撑转子，从而减小机械损耗和摩擦，提高电机的运行效率和寿命。

(6)无铁芯电机技术。无铁芯电机是一种基于永磁同步电机原理的新型电机结构，它通过去除铁芯结构来减小铁芯损耗和磁滞损耗，提高电机的效率和功率密度。

这些关键技术的应用和研究正在推动异步电机的发展，使其在节能、环保和智能化等方面取得了更好的性能和应用潜力。

5.1.3　异步电机的应用

异步电机是一种常见的电动机，它在自动化控制系统、制造业、工程机械、交通运输等领域广泛应用。本文将详细介绍这种电机的涉及领域及作用。

1.自动化控制系统

自动化控制系统是对生产过程进行自动化控制的系统，是工业现代化的标志之一。异步电机作为自动化控制系统中的重要组成部分，广泛应用于工业自动化领域。在生产线中，异步电机可以用作马达、发电机、变压器等电气机械设备的驱动器，使设备的自动运行更加稳定可靠。

2.制造业

制造业是异步电机的重要应用领域。在现代制造业中，机械加工常常需要使用异步电机作为动力源。例如在车床、钻床、铣床等加工设备中，异步电机驱动着设备的旋转和进给运动，使机械加工更加精准、高效。

3.工程机械

工程机械是异步电机的重要应用领域之一。在挖掘机、起重机、搅拌机等工程机械中，异步电机作为动力源，承担着驱动机械设备的重任。异步电机具有运转平稳、噪声低、耐用等特点，为工程机械提供可靠的动力保障。

4.交通运输

交通运输行业是异步电机的重要应用领域。在电动车、高铁、地铁等交通运输设备中，异步电机被广泛应用。例如在电动车中，异步电机被作为电动汽车的动力源，具有能耗低、噪声小、排放清洁等特点，与现代交通环保、节能的理念相符。

5.2 三相异步电动机的空载、短路与工作特性

5.2.1 实验目的

(1)掌握三相异步电动机空载与短路(堵转)实验的方法及参数的计算方法。

(2)掌握三相异步电动机工作特性、机械特性的测取及其计算。

(3)掌握三相异步电动机温升的概念及其测量方法。

5.2.2 实验项目

(1)定子绕组直流电阻的测量。

(2)空载实验。

(3)短路(堵转)实验。

(4)工作特性、机械特性实验。

(5)温升实验。

5.2.3 实验仪器与设备

电机教学实验台：主控屏、转速转矩传感器及测量仪、交流电表、直流电表、三相调压器、可调电阻、三相异步电动机。

5.2.4 实验方法

1. 测量定子绕组的冷态直流电阻

准备：将电机在室内放置一段时间，用温度计测量电机绕组端部或铁芯的温度。当所测温度与冷却介质温度之差不超过 2 K 时，即为实际冷态。记录此时的温度和测量定子绕组的直流电阻，此阻值即为冷态直流电阻。

(1)伏安法。

测量线路如图 5－1 所示。图中 S_1，S_2 分别为双刀双掷和单刀双掷开关；R 为合适的电阻值；A，V 分别为直流毫安表和直流电压表。

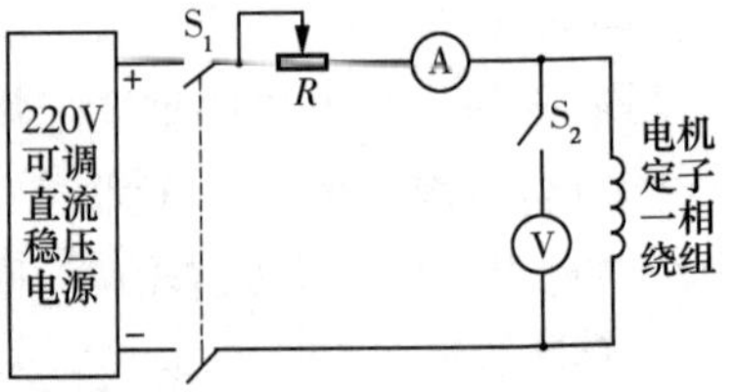

图 5－1 三相交流绕组电阻的测定

量程的选择：测量时，通过的测量电流约为电机额定相电流的 10%，根据电机铭牌电流选择合适的直流电压表、直流电流表量程。注意：测量时，实际数值应在量程的 40%～90% 为宜。实验开始前，调节电阻 R 在最大位置。

分别合上绿色“闭合”按钮开关和直流可调电源的开关，调节直流可调电源及可调电阻 R，使实验电机电流不超过电机额定相电流的 10%，以防止因实验电流过大而引起绕组的温度上升，读取电流值，再接通开关 S_2 读取电压值，并记录此时的环境温度 θ_0。读完后，先打开开关 S_2，再打开开关 S_1。

调节 R 或可调直流稳压电源使 A 表分别为三个不同的电流值(但不得超过电机额定相电流的 10%)。测取三次，取其平均值，测量定子三相绕组的电阻值，记录于表5－1中。

表 5－1　测量定子绕组相电阻　　(θ_0＝____℃)

	绕组Ⅰ			绕组Ⅱ			绕组Ⅲ		
I/mA									
U/V									
R/Ω									

注意：①在测量时，电动机的转子须静止不动；

②测量通电时间不应超过 1 分钟。

(2)电桥法(选做)。

用单臂电桥测量电阻时，应先将刻度盘旋到电桥能大致平衡的位置，然后按下电池按钮，接通电源，等电桥中的电源达到稳定后，方可按下检流计按钮接入检流计。测量完毕后，应先断开检流计，再断开电源，以免检流计受到冲击。记录数据于表 5－2 中。

电桥法测定绕组直流电阻准确度和灵敏度高，并有直接读数的优点。

表 5－2　电桥法测量定子绕组相电阻　　(θ_0＝____℃)

	绕组Ⅰ	绕组Ⅱ	绕组Ⅲ
R/Ω			

(3)直流低电阻测量仪(推荐使用)。

使用直流低电阻测量仪必须注意两点：①严禁带电测量，②电机必须绝对静止。否则，易烧毁仪器。

测量方法：①打开主控屏空气开关；②打开直流低电阻测量仪电源开关；③在确保电机绕组没有带电和电机绝对静止的前提下，将测量夹子夹到被测绕组上，直接读出绕组的电阻，并记录环境温度。记录表格自拟。

测量结束应及时关闭仪器电源，并将测量夹子远离可能出现高电压的地方。

2. 判定定子绕组的首末端

先用万用表测出各相绕组的两个线端，将其中的任意二相绕组串联，如图 5－2 所示。

先把调压器调压旋钮退至零位，合上绿色“闭合”按钮开关，接通交流电源，调节交流电源，在绕组端施以单相低电压 U＝80～100 V，注意电流不应超过额定值，测出第三相绕组的电压，如测得的电压有一定读数，表示两相绕组的末端与首端相连，如图 5－2(a)所示；反之，如测得电压近似为零，则两相绕组的末端与末端(或首端与首端)相连，如图 5－2(b)所示。用同样方法测出第三相绕组的首末端。

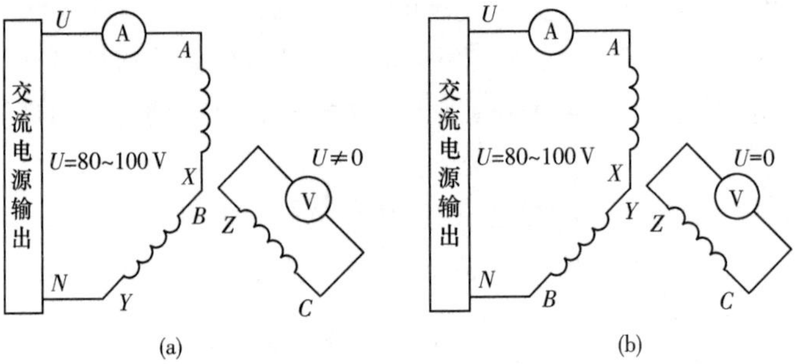

图 5－2　三相交流绕组首末端的测定

3. 空载实验

测量线路如图 5－3 所示。电机绕组为 Y 接法，且电机不与负载同轴连接，不带扭矩仪，即电机不带任何机械负载。

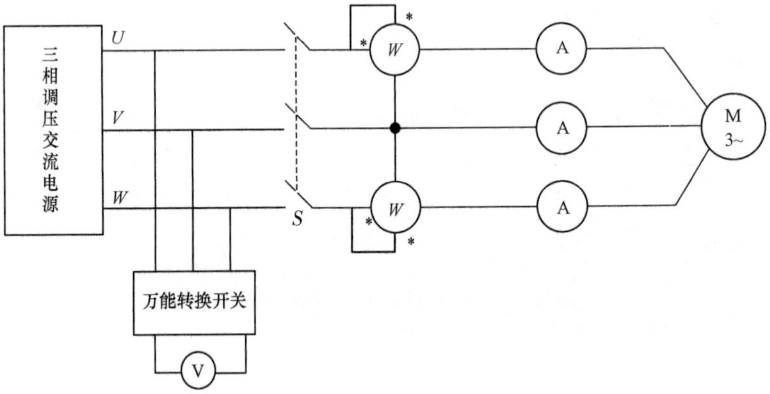

图 5－3　三相异步电动机空载、堵转实验接线图

(1)启动电机前，把交流输出电压退至零位，然后接通电源，逐渐升高电压，使电机启动旋转，观察电机旋转方向及运转是否正常。并使电机旋转方向符合要求。

(2)保持电动机在额定电压下空载运行数分钟，使机械损耗达到稳定后再进行实验。

(3)调节电压由 1.1 倍额定电压开始逐渐降低电压，直至电流或功率显著增大为止(即定子电流回升)。在这范围内读取空载电压、空载电流、空载功率。实验结束后应测量电机绕组的电阻。

(4)在测取空载实验数据时，在额定电压附近多测几点，共测取数据 7～9 组，记录于表 5－3 中。

表 5－3　三相异步电动机空载实验

序　号	U_0/V				I_0/A				P_0/W			cos φ
	U_{AB}	U_{BC}	U_{CA}	U_{0L}	I_A	I_B	I_C	I_{0L}	P_{I}	P_{II}	P_0	

4. 短路(堵转)实验

测量线路如图 5 - 3 所示。将电机与扭矩传感器及负载电机同轴连接好，并固定在平板上。如果负载是校正过的直流电机，则将直流电机加上合适的励磁电流，使直流电机产生制动转矩，将机组堵死。也可以用机械的方法将机组堵死。

(1)用堵转专用工具或电磁制动的方法将转子堵住。将三相调压器退至零位。

(2)合上交流电源，调节调压器使之逐渐升压至短路电流到 1.2 倍额定电流，再逐渐降压至 0.3 倍额定电流为止。注意电机持续通电时间应符合国家标准。

(3)在这范围内读取短路电压、短路电流、短路功率、短路转矩，共取 5～7 组数据，填入表 5 - 4 中。做完实验后，注意将堵转工具取下。

表 5 - 4　三相异步电动机短路(堵转)实验

序　号	U_k/V				I_k/A				P_k/W			T_k
	U_{AB}	U_{BC}	U_{CA}	U_{kL}	I_A	I_B	I_C	I_{kL}	P_{I}	P_{II}	P_{kL}	

5. 温升与工作特性实验

(1)工作特性实验。

实验前先测量定子绕组的冷态电阻及环境温度。

①实验接线图如图 5 - 4。同轴连接负载电机。图中 R_L 为负载电阻，容量根据发电机铭牌电流进行选择。将转矩转速传感器及测量仪进行扭矩调零。如果 G 选用校正过直流测功机，则需要把 G 的电枢电流串联在转矩转速测量挂件中的电枢电流输入阀中，并在实验中严格维持 G 的励磁电流为校正曲线值。

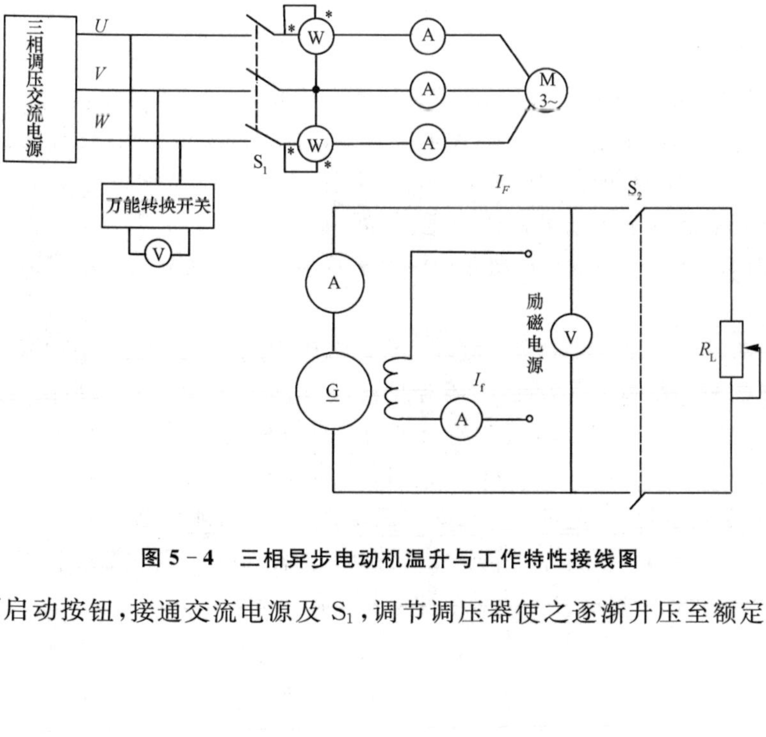

图 5 - 4　三相异步电动机温升与工作特性接线图

②按下启动按钮，接通交流电源及 S_1，调节调压器使之逐渐升压至额定电压并保持不变。

③合上直流发电机的励磁电源，调节励磁电流使发电机的电枢电压为 U_N 左右，并保持此时 U_N 基本不变。

④在确保 R_L 阻值为最大时合上开关 S_2，调节负载电阻 R_L，使异步电动机的输出功率逐渐上升至额定输出功率，直到电机达到热态。注意：减小 R_L 的阻值，使异步电动机的输出功率增大，调节过程中尽量使发电机的电压维持在 U_N。

⑤从 1.25 倍额定输出功率开始，逐渐减小负载直至近似空载(即断开开关 S_2)，在这范围内读取异步电动机的定子电流、输入功率、转速、转矩、输出功率。

⑥共取数据 8～9 组记录于表 5－5 中。

表 5－5　三相异步电动机工作特性与机械特性　　($U_1=U_{1N}$)

序号	I_1/A				P_1/W			T	n	P_2
	I_A	I_B	I_C	I_{1L}	P_{I}	P_{II}	P_1	N·m	r/min	W
1										
2										
3										
4										
5										
6										
7										
8										
9										

(2)温升实验。

①定子铁芯温度的测定(可以采用红外线测温枪)。

(a)将电机在室内放置一段时间，用温度计测量铁芯的温度。当所测温度与冷却介质温度之差不超过 2 K 时，即为实际冷态______℃。

(b)定子铁芯温度采用温度计法测定，将酒精温度计(因铁芯表面有磁场变化，不能用水银温度计)球部一端与被试电机定子铁芯表面紧贴并设法固定。试验前，测取铁芯温度(即介质温度)。

(c)按照图 5－4 接线，同轴连接负载电机。图中 R_L为发电机负载电阻。

(d)调节控制屏左侧调压器旋钮，闭合开关 S_1，增加三相调压器输出至 U_N，使异步电机全压运行。接通直流发电机励磁电源并使直流发电机电枢电压达到额定值(如果 G 是校正过直流测功机，则将励磁电流调到校正值并维持不变)，并闭合开关 S_2，给三相异步电动机加上负载，直至异步电机输出功率达额定值为止，当被试电机带上负载后，铁芯温度开始上升。以后每隔一定时间测取一次，直至铁芯温度达到实际稳定状态，即一小时内定子铁芯温度的变化不超过 1 ℃为止。读取数据记录于表5－6中。

表 5－6　三相异步电动机温升实验　　($U_1=U_{1N}$)

序 号	1	2	3	4	5	6	7
时间							
输入平均电压/V							
输入平均电流/A							
输入功率/W							
转矩/(N·m)							
转速/(r/min)							
输出功率/W							
铁芯温度/℃							
环境温度/℃							

②定子绕组平均温升的测定。

当电机温升稳定后(即铁芯温升达实际稳定状态)，做好测定定子绕组热态电阻的准备。测量方法见冷态电阻的测量，记录电机定子绕组冷却曲线 $R=f(t)$ 于表 5－7 中(注意：断电时开始记录时间)。

表 5－7　定子绕组冷却曲线

序　号	1	2	3	4	5	6	7	8
时间间隔 t/s								
电阻值 r_m/Ω								

如果电机断电以后绕组电阻开始增大，然后再减小，则应取所测电阻最大值作为断电瞬间的电阻值。

5.2.5　实验报告

1. 计算基准工作温度下的相电阻 $R_{175℃}$

换算方法见 2.2.3 节中的相关内容。换算时取测得的三个绕组相电阻的平均值。

2. 空载实验数据的计算整理

(1)空载电压：$U_0=\dfrac{U_{AB}+U_{BC}+U_{CA}}{3}$。

(2)电压标么值：$U_0^*=\dfrac{U_0}{U_N}$，$U_0^{*2}=\left(\dfrac{U_0}{U_N}\right)^2$。

(3)空载电流：$I_0=\dfrac{I_A+I_B+I_C}{3}$。

(4)空载功率：$P_0=P_{\text{I}}+P_{\text{II}}$。

(5)空载定子铜耗：$p_{0cu1}=3I_0^2R_{10}$。

式中，I_0 为相电流，R_{10} 为实验结束时测量的定子绕组相电阻。

(6)铁耗与机械耗之和：$P_0'=p_{Fe}+p_{mec}\approx P_0-p_{0cul}$。

(7)空载功率因数：$\cos\varphi_0=\dfrac{P_0}{\sqrt{3}I_0U_0}$。

3. 短路(堵转)实验数据的计算整理

(1)短路(堵转)电压：$U_k=\dfrac{U_{AB}+U_{BC}+U_{CA}}{3}$。

(2)短路(堵转)电流：$I_k=\dfrac{I_A+I_B+I_C}{3}$。

(3)短路(堵转)功率：$P_k=P_{\text{I}}+P_{\text{II}}$。

(4)短路(堵转)功率因数：$\cos\varphi_k=\dfrac{P_k}{\sqrt{3}I_kU_k}$。

4. 作空载特性曲线 I_0，P_0，$\cos\varphi_0=f(U_0^*)$ 及短路(堵转)特性曲线 I_k，P_k，$T_k=f(U_k)$，并求出 $U_0=U_N$(即 $U_0^*=1$)时的空载电流与空载功率，以及 $I_k=I_N$ 时的短路(堵转)电压与短路(堵转)功率

5. 求三相异步电动机的简化等效电路参数

(1)分离铁耗与机械耗。

在 $U_0\leqslant 60\% U_n$ 下的点作曲线 $P_0'=p_{Fe}+p_{mec}=f(U_0^{*2})$，如图 5-5 所示。延长曲线与纵轴交于 p 点，p 点的纵坐标即为机械耗 p_{mec}，并求出额定电压时(即 $U_0^{*2}=1$)的铁耗 p_{Fe}。

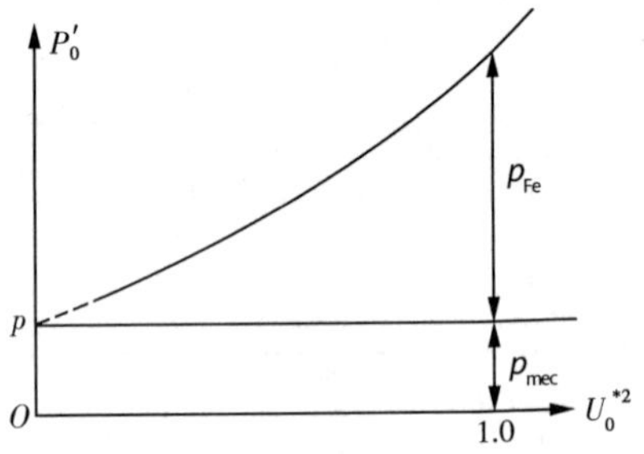

图 5-5 分离铁耗与机械耗

(2)求励磁参数。

$$Z_0=\frac{U_{0\varphi}}{I_{0\varphi}}=R_1+jX_{1\sigma}+R_m+jX_m$$

式中，$U_{0\varphi}$，$I_{0\varphi}$分别为空载额定相电压以及对应的相电流。

由于 R_1，$X_{1\sigma}$，$R_m\ll X_m$，故忽略 R_1，$X_{1\sigma}$，R_m。

励磁电抗：$X_m\approx\dfrac{U_{0\varphi}}{I_{0\varphi}}$。

励磁电阻：$R_m=\dfrac{p_{Fe}}{3I_{0\varphi}^2}$。

(3)求短路(堵转)参数。

短路(堵转)电阻：$R_k=\dfrac{P_k}{3I_{k\varphi}^2}$。

短路(堵转)阻抗：$Z_k=\dfrac{U_{k\varphi}}{I_{k\varphi}}$。

短路(堵转)电抗：$X_k=\sqrt{Z_k^2-R_k^2}$。

式中，$U_{k\varphi}$，$I_{k\varphi}$，P_k 相应于 $I_k=I_N$ 时的相电压、相电流、三相短路(堵转)功率。

转子电阻折算值：$R_2'=R_k-R_1$。

定、转子漏抗：$X_{1\sigma}\approx X_{2\sigma}'\approx\frac{1}{2}X_k$。

(4)将短路(堵转)参数换算到基准工作温度。

6. 绘制电阻冷却曲线

电机电阻冷却曲线如图 5-6 所示。

根据反向延长电机电阻冷却曲线与纵坐标的交点即为断电瞬间电机的电阻 R_N。

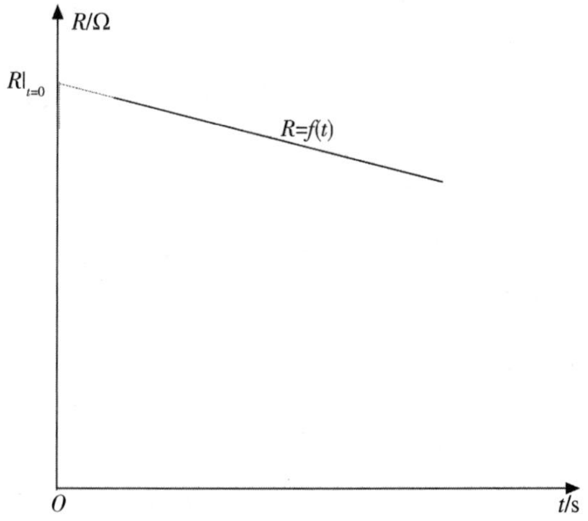

图 5-6　电机电阻冷却曲线

7. 求出额定输出功率时电机绕组的温升

$$\Delta\theta=\frac{R_N-R_1}{R_1}(K_1+\theta_1)+\theta_1-\theta_a$$

式中，R_N为断电瞬间电机绕组的电阻，单位为 Ω；R_1为温度为 θ_1时绕组的初始电阻，单位为 Ω；θ_1为测量初始电阻 R_1时的温度，单位为℃；θ_a为温升结束时冷却介质的温度，单位为℃；K_1为常数，铜绕组 235，铝绕组 225。

8. 在同一坐标内绘出工作特性曲线 $P_1,I_1,S,\cos\Phi,\eta=f(P_2)$，并求出额定输出功率时的 $P_1,I_1,S,\cos\Phi,\eta$。对于没有实测输出功率的，输出功率按下式计算：$P_2=0.105T\times n$。$S=(n_s-n)/n_s\times100\%$

9. 绘出机械特性曲线 $T=f(n)$

5.2.6　预习要点

(1)做三相异步电动机空载、短路(堵转)实验应注意哪些事项？

(2)如何利用空载、短路(堵转)实验数据求三相异步电动机的参数？

(3)三相异步电动机的工作特性是指哪些特性？测取工作特性时应保持哪些数据不变？需测量哪些数据？

(4)三相异步电动机工作特性的测定方法有哪些？各有何特点？

(5)温升的概念及测取方法。

5.3 三相异步电动机的启动和调速

5.3.1 实验目的

掌握三相异步电动机的启动与调速方法。

5.3.2 实验项目

(1)笼型异步电动机的启动：

① 直接启动；

② 自耦变压器启动；

③ 星形-三角形(Y-△)启动。

(2)绕线式异步电动机的转子串电阻启动。

(3)绕线式异步电动机的转子串电阻调速。

5.3.3 实验仪器与设备

电机教学实验台：主控屏、交流电表、测功机、转矩转速测量、启动箱、笼型异步电动机、绕线式异步电动机。

5.3.4 实验方法

1. 三相笼型异步电动机直接启动

按图5-7接线，电机绕组为Y(或△)形接法。

仪表的选择：交流电压表为数字式或指针式均可，交流电流表则为指针式。

(1)把三相交流电源调节旋钮逆时针调到底，合上绿色“闭合”按钮一。调节调压器，使输出电压为合适的低电压，启动电动机，观察电动机旋转方向是否符合旋转方向要求。

(2)断开三相交流电源，待电动机完全停止旋转后，接通三相交流电源，使电机全压启动，观察电机启动瞬间电流值。

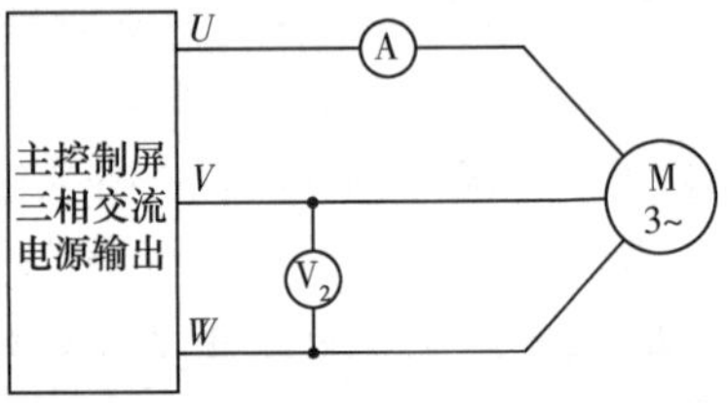

图5-7 三相异步电动机直接启动实验接线图

注意：按指针式电流表偏转的最大位置所对应的读数值计量。电流表受到启动电流冲击，电流表显示的最大值虽不能完全代表启动电流的读数，但可用它和下面几种启动方法的启动电流作定性的比较。

(3)断开三相交流电源，将调压器退到零位，电机与转矩转速传感器连接好，并将扭矩仪调零，进入测量状态。

(4)合上三相交流电源，调节调压器，观察电流表，使电机电流达2～3倍额定电流，读取电压值U_k、电流值I_k、转矩值T_k，填入表5-8中，注意实验时，通电时间不应超过10

秒，以免绕组过热。

对应于额定电压的启动转矩 T_{st} 和启动电流 I_{st} 比按下式计算：

$$T_{st}=\left(\frac{I_{st}}{I_k}\right)^2 T_k$$

式中，I_k 为启动实验时的电流值，单位为 A；T_k 为启动实验时的转矩值，单位为 N·m。

$$I_{st}=\left(\frac{U_N}{U_k}\right) I_k$$

式中，U_k 为启动实验时的电压值，单位为 V；U_N 为电机额定电压，单位为 V。

表 5-8　笼型异步电动机启动实验

测量值			计算值	
U_k/V	I_k/A	T_k/(N·m)	T_{st}/(N·m)	I_{st}/A

2. 星形-三角形(Y-△)启动

按图 5-8 接线，电压表、电流表的选择同前，开关 S 选用三刀双掷开关。

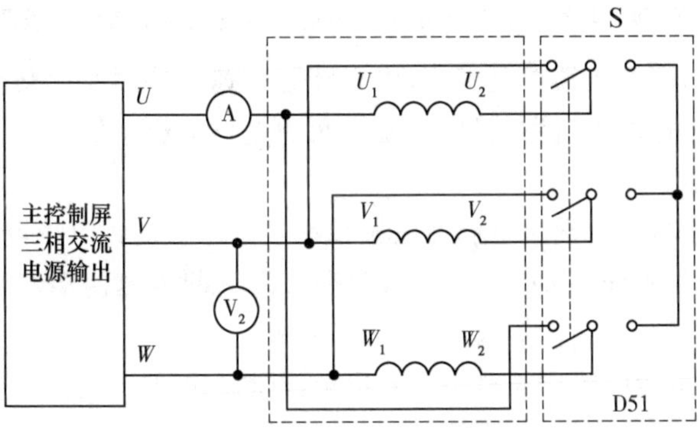

图 5-8　三相异步电动机星形-三角形启动实验接线图

(1)启动前，把三相调压器退到零位，三刀双掷开关合向右边(Y 形接法)。合上电源开关，逐渐调节调压器，使输出电压升高至电机额定电压 U_N，断开电源开关，待电机停转。

(2)待电机完全停转后，合上电源开关，观察启动瞬间的电流，然后把 S 合向左边(△形接法)，电机进入正常运行，整个启动过程结束，观察启动瞬间电流表的显示值，并与其他启动方法作定性比较。注意：对于 Y 接法的电机，在△启动时的额定电压为标称额定电压的 $1/\sqrt{3}$。

3. 自耦变压器降压启动

按图 5-7 接线，电机绕组为 Y(或△)形接法。

(1)先把调压器退到零位，合上电源开关，调节调压器旋钮，使输出电压达 $0.5U_N$，断开电源开关，待电机停转。

(2)待电机完全停转后,再合上电源开关,使电机随自耦变压器降压启动,观察电流表的瞬间读数值,经一定时间后,调节调压器使输出电压达电机额定电压 U_N,整个启动过程结束。

4. 绕线式异步电动机转子绕组串入可变电阻器启动

实验线路如图 5-9,电机定子绕组 Y 形接法。调节电阻采用绕线电机专用启动电阻(分 0,2,5,15,∞五挡)。

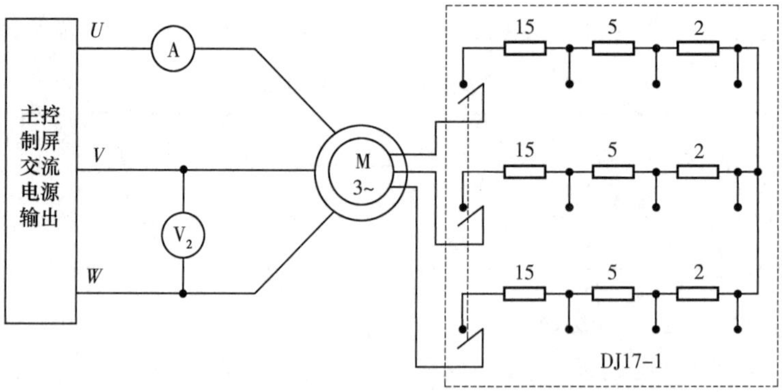

图 5-9 绕线式异步电动机转子绕组串电阻启动实验接线图

(1)启动电机前,把调压器退至零位,检查转矩转速传感器是否连接好,并进行调零。如果负载电机是校正过的直流测功机,则需将测功电枢电流串联在转矩转速测量挂件中的电枢电流输入伐中。

(2)合上交流电源,调节交流电源使电机转动。注意电机转向是否符合要求。

(3)在定子电压为 $0.5U_N$ 时,转子绕组分别串入不同的电阻值时,接通电源,读取此时的转矩值 T_{st} 和电流值 I_{st},记录数据于表 5-9 中。

注意:实验时通电时间不应超过 10 秒,以免绕组过热。

表 5-9 绕线式异步电动机转子绕组串电阻启动实验 ($U=0.5U_N$)

R_{st}/Ω	0	2	5	15
$T_{st}/(N\cdot m)$				
I_{st}/A				

5. 绕线式异步电动机绕组串入可变电阻器调速

实验线路同图 5-9。同轴连接发电机或校正直流测功机 MG 作为绕线式异步电动机 M 的负载,MG 的线路同图 3-8 的左半部分,将 M 的转子附加电阻调至最大。

(1)合上电源开关,调节调压器输出电压至 U_N,使电机空载启动,将转子附加电阻调至零。

(2)调节发电机励磁电流使发电机电压为 U_N 并维持基本不变或调节校正测功机的励磁电流为校正值并维持不变,再调节发电机或直流测功机负载电流,使电动机输出功率接近额定功率并保持此时的输出转速 T_2 不变,改变转子附加电阻,测定相应的转速于表

5－10 中。

表 5－10　绕线式异步电动机的调速实验　($U=U_N$, $T_2=$____N·m)

R_{st}/Ω	0	2	5	15
$n/(\mathrm{r\cdot min^{-1}})$				

5.3.5　实验报告

(1)计算各种实验的电动机启动转矩和启动电流。

(2)总结三相异步电动机不同启动方法的优缺点及适用范围。

(3)绘制绕线式异步电动机转子串电阻调速的调速特性曲线,并分析转子串电阻对启动电流、启动转矩及电动机转速的影响。

5.3.6　预习要点

(1)三相异步电动机的主要启动方法有哪几种?

(2)三相异步电动机的主要调速方法有哪几种?

(3)启动电流、启动转矩与启动电压的关系如何?

5.4　三相绕线式异步电动机的机械特性

5.4.1　实验目的

掌握三相绕线式异步电动机机械特性的测量方法。

5.4.2　实验项目

(1)测定三相绕线式异步电动机在电动运行状态和再生发电制动状态下的机械特性。

(2)测定三相绕线式异步电动机在反接制动状态下的机械特性。

5.4.3　实验仪器与设备

电机教学实验台:主控屏,导轨,测速发电机及转速表,校正直流测功机,三相绕线式异步电动机,直流电压、毫安、安培表,交流电流表,交流电压表,单三相智能功率、功率因数表,三相可调电阻器,可调电阻器、电容器,波形测试及开关板。

5.4.4　实验方法

1.$R_s=0$ 时的电动及再生发电制动状态下的机械特性

采用实测转矩法求机械特性。

(1)按图 5－10 接线,图中 M 用三相绕线式异步电动机。MG 用校正直流测功机或直流发电机。S_1,S_2,S_3 选用挂箱上的对应开关,并将 S_1 合向左边 1 端,S_2 合在左边短接端(即绕线机转子短路),S_3 合在 2′位置。R_1 选用负载电阻,R_2 为励磁电阻,R_s 选用三相可调电阻,并用万用表调定在某一固定阻值,R_3 暂不接。根据铭牌选好仪表量程。

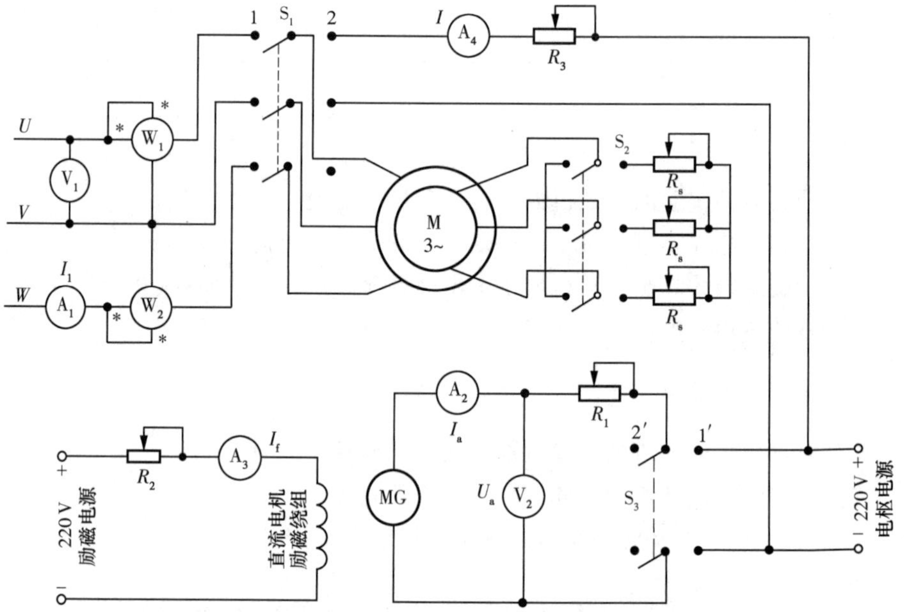

图 5-10 三相绕线转子异步电动机机械特性的接线图

(2)确定 S_1 合在左边 1 端,S_2 合在左边短接端,S_3 合在 2′位置,M 的定子绕组接成星形的情况下,把 R_1,R_2 阻值调至最大位置,将控制屏左侧三相调压器旋钮向逆时针方向旋到底,即把输出电压调到零。

(3)检查控制屏下方"直流电机电源"的"励磁电源"开关及"电枢电源"开关都须在断开位置。接通三相调压"电源总开关",按下"开"按钮,旋转调压器旋钮使三相交流电压慢慢升高,观察电机转向是否符合要求。若符合要求则升高到 $U=0.5U_N$,并在以后实验中保持不变。调节励磁电源和 R_2,使 MG 达到 U_N,记录 A_3 表的 I_f 值并维持不变。

(4)接通控制屏右下方的"电枢电源"开关,在开关 S_3 的 2′端测量电机 MG 的输出电压的极性,先使其极性与 S_3 开关 1′端的电枢电源相反。在 R_1 阻值为最大的条件下将 S_3 合向 1′位置。

(5)调节"电枢电源"输出电压或 R_1 阻值,使电动机从接近丁堵转到接近于空载状态,其间测取电机 MG 的 U_a,I_a,n 及电动机 M 的交流电流表 A_1 的 I_1 值,共取 8~9 组数据记录于表 5-11 中。

表 5-11 $R_s=0$ 时电动状态下的机械特性($U=0.5U_N$,$R_s=0\ \Omega$,$I_f=$____mA)

U_a/V								
I_a/A								

续表

$n/(r\cdot min^{-1})$								
I_1/A								
$P_{Ⅰ}/W$								
$P_{Ⅱ}/W$								

(6)当电动机接近空载而转速不能调高时，将 S_3 合向 2′位置，调换 MG 电枢极性(在开关 S_3 的两端换)使其与“电枢电源”同极性。调节“电枢电源”电压值使其与 MG 电压值接近相等，将 S_3 合至 1′端。保持 M 端三相交流电压 $U=0.5U_N$，减小 R_1 阻值直至短路位置。升高“电枢电源”电压或增大 R_2 阻值(减小电机 MG 的励磁电流)，使电动机 M 的转速超过同步转速 n_0 而进入回馈制动状态，在 1 700 r/min～n_0 范围内测取电机 MG 的 U_a，I_a，n 及电动机 M 的定子电流 I_1 值，共取 11～12 组数据记录于表 5 - 12 中。

表 5 - 12　$R_s=0$ 时回馈制动状态下的机械特性 ($U=0.5U_N$，$R_s=$____Ω)

U_a/V								
I_a/A								
$n/(r\cdot min^{-1})$								
I_1/A								

2. R_s 等于某一固定阻值时的电动及反转性状态下的机械特性

(1)开关 S_2 合向右端，开关 S_3 拨向 2′端，把 MG 电枢接到 S_3 上的两个接线端对调，以便使 MG 输出极性和“电枢电源”输出极性相反。把电阻 R_1、R_2 调至最大。

(2)保持电压 $U=0.5U_N$ 不变，调节励磁电源与 R_2，MG 达到 U_N。调节“电枢电源”的输出电压为最小位置。在开关 S_3 的 2′端检查 MG 电压极性须与 1′的“电枢电源”极性相反。可先记录此时 MG 的 U_a，I_a 值，将 S_3 合向 1′端与“电枢电源”接通。测量此时电机 MG 的 U_a，I_a，n 及 A_1 表的 I_1 值，减小 R_1 阻值或调高“电枢电源”输出电压使电动机 M 的 n 下降，直至 n 为零。把转速表位置反向，并把 R_1 电阻调至零值位置后应用导线短接，继续减小 R_1 阻值或调高电枢电压使电机反向运转。直至 n 为－1 300 r/min 为止，在该范围内测取电动机 MG 的 U_a，I_a，n 及 A_1 表的 I_1 值。共取 11～12 组记录于表 5 - 13 中。

(3)停机(先将 S_2 合至 2′端，关断“电枢电源”，再关断“励磁电源”，调压器调至零位，按下“关”按钮)。

表 5 - 13　$R_s\neq0$ 电动及反转性状态下的机械特性 ($U=0.5U_N$，$R_s=$____Ω，$I_f=$____mA)

U_a/V								
I_a/A								

续表

$n/(\mathrm{r\cdot min^{-1}})$								
I_1/A								

3. 能耗制动状态下的机械特性

(1)确认在“停机”状态下,把开关 S_1 合向右边 2 端,S_2 合向右端(R_s 仍保持原来固定阻值不变),S_3 合向左边 2′端,R_1 调至最大,R_2 调至最大,R_3 调至最大。

(2)开启“励磁电源”,调节励磁电源与 R_2,使 MG 达到 U_N,开启“电枢电源”,调节电枢电源的输出电压 $U=0.5U_N$,再调节 R_3 使电动机 M 的定子绕组流过 $I=0.6\ I_N$,并保持不变。

(3)在 R_1 阻值为最大的条件下,把开关 S_3 合向右边 1′端,减小 R_1 阻值,使电机 MG 启动运转后转速约为 1 600 r/min,增大 R_1 阻值或减小电枢电源电压(但要保持 A_4 表的电流 I 不变),使电机转速下降,直至转速 n 约为 50 r/min,其间测取电机 MG 的 U_a,I_a 及 n 值,共取 10～11 组数据记录于表 5-14 中。

(4)停机(先将 S_2 合至 2′端,关断“电枢电源”,再关断“励磁电源”,调压器调至零位,按下“关”按钮)。

(5)调节 R_3 阻值,使电机 M 的定子绕组流过的励磁电流 $I=I_N$。重复上述操作步骤,测取电机 MG 的 U_a,I_a 及 n 值,共取 10～11 组数据记录于表 5-15 中。

表 5-14 能耗制动状态下的机械特性 ($R_s=36\ \Omega$,$I=0.36$ A,$I_f=$____mA)

U_a/V								
I_a/A								
$n/(\mathrm{r\cdot min^{-1}})$								
I_1/A								

表 5-15 能耗制动状态下的机械特性 ($R_s=$____Ω,$I=$____A,$I_f=$____mA)

U_a/V								
I_a/A								
$n/(\mathrm{r\cdot min^{-1}})$								

4. 绘制电机 M-MG 机组的空载损耗曲线 $P_0=f(n)$

(1)拆掉三相绕线式异步电动机 M 定了和转子绕组接线端的所有插头,R_1 调至最大,R_2 调至最大,开关 S_3 合向右边 1′端。

(2)开启“励磁电源”,调节励磁电源与 R_2,使 MG 达到 U_N,检查 R_1 阻值在最大位置时开启“电枢电源”,使电机 MG 启动运转,调高“电枢电源”输出电压及减小 R_1 阻值,使电机转速约为 1 700 r/min,逐次减小“电枢电源”输出电压或增大 R_1 阻值,使电机转速下降直至 $n=100$ r/min,在其间测量电机 MG 的 U_{a0},I_{a0} 及 n 值,共取 10～12 组数据记录于表 5-16 中。

表 5-16 M-MG 机组的空载损耗曲线

U_a/V								
I_a/A								
$n/(r\cdot min^{-1})$								

5.4.5 实验报告

(1)根据实验数据绘制各种运行状态下的机械特性。

$$T=\frac{9.55}{n}[P_0-(U_aI_a-I_a^2R_a)]$$

式中,T 为被试电机 M 的输出转矩,单位为 N·m;U_a 为测功机 MG 电枢电压,单位为 V;I_a 为测功机 MG 电枢电流,单位为 A;R_a 为测功机 MG 电枢电阻,单位为 Ω,由实验室提供;P_0 为对应转速 n 时的空载损耗,单位为 W。

注意:上式计算的转矩为在 100 V 时的值,实际转矩应折算到额定电压下。

(2)绘制电机 M-MG 机组的空载损耗曲线 $p_0=f(n)$。

5.4.6 预习要点

(1)三相异步电动机电磁转矩公式有哪几种形式?

(2)三相绕线式异步电动机人为机械特性与固有机械特性有何不同?

(3)如何测定三相绕线式异步电动机在各种运行状态下的机械特性?

(4)测定机械特性时应注意哪些事项?

5.5 三相异步电动机变频调速

5.5.1 实验目的

(1)掌握通用变频器使用的基本操作。

(2)掌握测定变频器 U-f 曲线的方法。

(3)掌握用变频器测定三相异步电动机机械特性的方法。

5.5.2 实验项目

(1)在三相异步电动机空载状态下测定变频器 U-f 曲线。

(2)测取三相异步电动机在不同频率下的机械特性曲线。

5.5.3 实验仪器与设备

电机教学实验台:主控屏,平板,励磁电源,转速转矩传感器及测量仪,变频器,变频器专用导线,三相异步电动机—直流发电机机组,直流电压表,直流电流表,单相可调负载电阻,感应调压器,导线等。

5.5.4 实验方法

1. 通用变频器使用

(1)使用变频器之前,必须仔细阅读产品使用说明书,严禁违反操作规程进行操作。

(2)操作与显示界面介绍。不同品牌变频器的操作界面与操作方法不尽相同,但基本操作大同小异,下面以台达变频器为例做简要说明。用操作面板,可对变频器进行功能参数修改、变频器工作状态监控和变频器运行控制(起动、停止)等操作,其外形及功能区如图 5－11 所示。

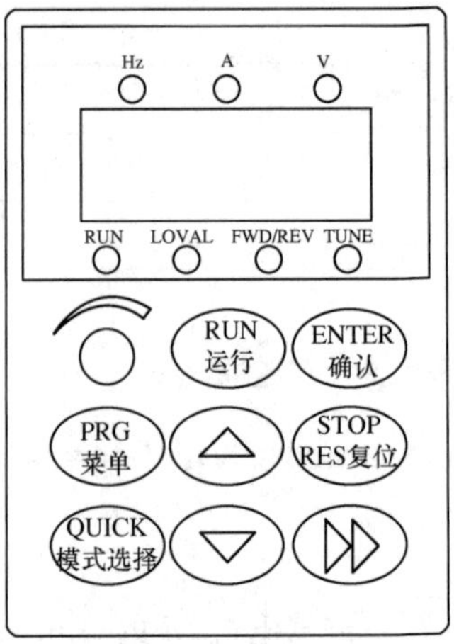

图 5－11 操作面板

(3)功能指示灯说明如表 5－17 所示。

表 5－17 功能指示灯说明

指示灯标识		指示灯状态	状态说明
单位指示灯	Hz	频率指示灯	常亮:当前显示数字为频率
	A	电流指示灯	常亮:当前显示数字为电流
	V	电压指示灯	常亮:当前显示数字为电压
	Hz+A	转速指示灯	两个灯常亮:当前显示数字为转速
	A+V	百分数	常亮:当前显示数字为百分比
状态指示灯	RUN	运行状态指示灯	常亮:变频器处于运转状态 常灭:变频器处于停止状态
	LOCAL	运行命令控制方式指示灯	常亮:端子控制方式 闪烁:通讯控制方式 常灭:操作面板控制方式
	FWD/REV	正反转指示灯	常亮:变频器处于反转状态 常灭:变频器处于正转状态
	TUNE	调谐、转矩控制、故障指示灯	常亮:变频器处于转矩控制模式 慢闪:变频器处于调谐状态 快闪:变频器处于故障状态

(4)数码显示区:共有 5 位 LED 显示,可显示设定频率、输出频率、输出电流、输出电压等各种监视数据以及报警代码等。键盘按键说明如表 5－18 所示。

表 5-18　键盘按键说明

按　键	名　称	功　能
PRG	编程键	一级菜单进入或退出
ENTER	确认键	逐级进入菜单界面、设定参数确认
△	递增键	数据或功能码的递增
▽	递减键	数据或功能码的递减
▷▷	移位键	在停机显示界面和运行显示界面下，可以循环选择显示参数；在修改参数时，可以选择参数的修改位
QUICK	菜单模式选择键	根据 PP-03 中的值切换不同的菜单模式(默认为一种菜单模式)
RUN	运行键	在键盘操作方式下，用于运行操作
STOP/RES	停止/复位键	运行状态时，按此键可用于停止运行操作；故障报警状态时，可用来复位操作，该键的特性受功能码 P7-02 制约

(5)功能码查看、修改方法说明。变频器的操作面板采用三级菜单结构进行参数设置等操作。三级菜单分别为：功能参数组(一级菜单)→功能码(二级菜单)→功能码设定值(三级菜单)。操作流程如图 5-12 所示。

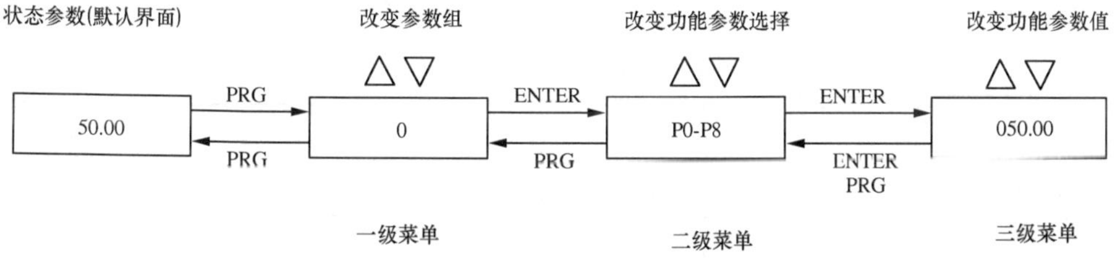

图 5-12　三级菜单操作流程图

说明：在三级菜单操作时，可按 PRG 键或 ENTER 键返回二级菜单。两者的区别是：按 ENTER 键将设定参数保存后返回二级菜单，并自动转移到下一个功能码；而按 PRG 键则是放弃当前的参数修改，直接返回当前功能码序号的二级菜单。

2. 测定变频器 U-f 曲线

(1) 按图 5-13 接线。注意：严禁将变频器的输入、输出端接反，否则将损坏变频器；不允许用开关 S_1 来控制变频器的启停。一定需要开关 S_1 控制变频器启停时，间隔不要小于一个小时。频繁的充放电易降低变频器内电容器的使用寿命。若输出端和电机之间装有接触器等开关器件，应确保变频器在无输出时进行通断操作，否则易造成变频器内模块损坏。

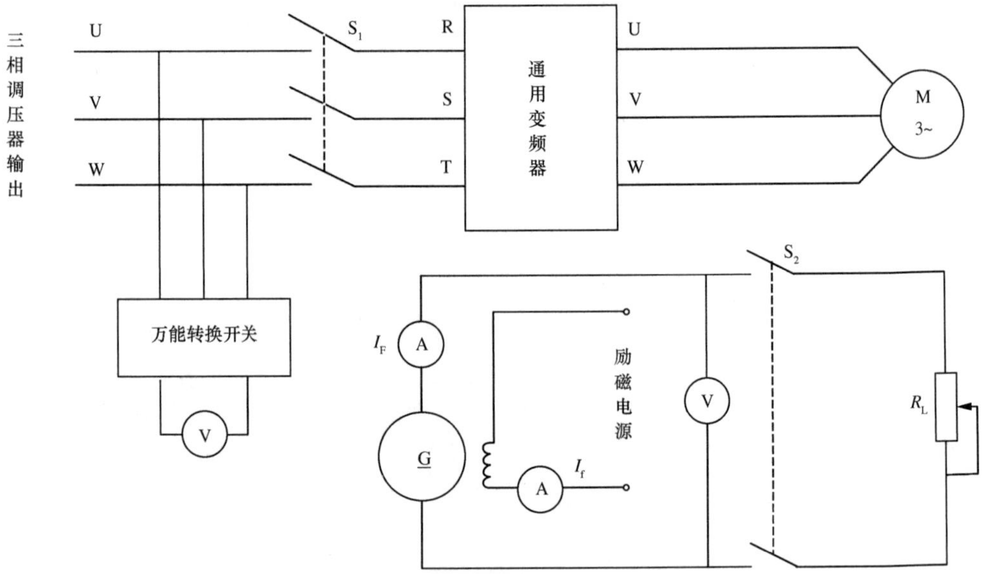

图 5-13　三相异步电动机变频调速实验接线图

(2)使三相异步电动机处于空载状态(但不能脱开转速转矩传感器)。将感应调压器输出电压调整到 380 V,合上开关 S_1,对变频器进行设置及操作。将输出频率调整到工频 50 Hz,按下变频器 RUN 键,启动电动机,观察电动机运转是否正常。将频率在 5～65 Hz范围内调节并将变频器的输出频率、输出电压、输出电流及电动机的转速记录到表 5-19 中,共取 10～12 组数据。注意:停止电动机时按变频器 STOP(停止)键即可,不要断开开关 S_1。

表 5-19　变频器 *U-f* 曲线测定实验

频率/Hz												
电压/V												
电流/A												
转速/$(r \cdot min^{-1})$												

3. 三相异步电动机在不同频率下的机械特性实验

(1)将三相异步电动机与直流发电机机械联结好,调整变频器频率在 50 Hz,启动电动机,闭合励磁电源开关,增加励磁电源,使直流发电机输出电压为额定电压,在确保发电机负载电阻 R_L阻值在最大位置时,闭合负载开关 S_2。此时,将变频器监视窗口调整到显示输出电流位置,逐渐增加发电机负载。注意:同时尽量维持发电机输出电压为额定值(但又要保证励磁电压不要超过额定值),使三相异步电动机输入电流为额定值或电动机输出功率为额定值,记录变频器此时的输出电压、输出电流及电动机的输出转速、输出转矩、输出功率于表 5-20 中。然后逐渐减小电动机的负载(即增大负载电阻 R_L的阻值,此时电动机的输入电流减小),直到电动机近似空载为止,记录上述数据于表 5-20 中。共取 8～10 组数据。

(2)在做完 50 Hz 的机械特性实验后，按下变频器的 STOP(停止)键，停止电动机，同时断开开关 S_2(不要断开 S_1 开关)，将励磁电源调到零，断开励磁电源开关，将负载电阻 R_L 的阻值调到最大，为下一个实验项目做好实验前的准备。

表 5－20　50 Hz 时的机械特性曲线

U/V							
I/A							
T/(N·m)							
n/(r·min^{-1})							
P_2/kW							

(3)分别将频率调整到 40 Hz，60 Hz，重复 50 Hz 时的机械特性曲线测定的实验方法与步骤。同样要注意：实验中尽量维持发电机输出电压为额定值(但又要保证励磁电压不要超过额定值)，记录数据同上。表格自拟。

5.5.5　实验报告

(1)整理变频器 U-f 曲线测定实验数据，绘出变频器的 U-f 曲线，并分析变频器输出电压与输出频率的关系，并根据曲线形状做出理论分析；

(2)整理不同频率下机械特性测定实验的数据，在同一坐标内分别绘出不同频率下三相异步电动机的机械特性曲线，分析不同频率下三相异步电动机的机械特性；

(3)对三相异步电动变频调速实验的体会。

5.5.5　预习要点

(1)通用变频器参数设置及使用方法；

(2)了解变频器 U-f 曲线的特点；

(3)了解三相异步电动机在不同频率下机械特性的特点。

第6章　同步电机实验

6.1　同步电机概述

同步电机分为电励磁同步电机和永磁同步电机 ，广泛应用于机械制造、航空航天、汽车等领域。本节主要介绍了同步电机国内外研究现状、同步电机关键技术、同步电机的应用等相关内容。

6.1.1　国内外研究现状

永磁电机采用永磁体生成电机的磁场，无须励磁线圈也无须励磁电流，效率高、结构简单，是很好的节能电机。随着高性能永磁材料的问世和控制技术的迅速发展，永磁电机的应用将会变得更为广泛。

近年来，由于永磁体制作工艺的改进和利用率的不断提高，永磁同步电机的制造成本逐步降低，在新兴领域的应用范围也逐渐扩大。目前，随着磁性能优越的新型永磁材料的开发利用，以及电子器件的不断推陈出新，在电机市场上已经出现很多新型永磁同步电机。其转子结构更趋复杂，运行原理也有所差别，电机尺寸及形状各有千秋，不仅能够适应各级容量要求，而且表现出强劲的推进性能。新型永磁同步电机极大地丰富了电机产品的种类，促进了电机技术的发展。

下面简要介绍一下处于永磁同步电机技术前沿的各国研发现状。

1.德国

欧洲各发达国家由于汽车工业起步较早，电机技术已经较为成熟。其中，作为工业强国的德国已拥有相对领先的永磁同步电机技术，其 U-212 潜艇的推进系统选用了体积和长度很小的 1 760 kW 永磁同步电机。Siemens 公司在 20 世纪 80 年代研发的永磁同步电机便可达到 1 100 kW 的功率和 230 r/min 的转速，目前同类型电机最大功率可达到 14 MW，转速为 150 r/min。Audi 汽车公司的第三代混动车选择永磁同步电机作为驱动电机。

2.日本

日本的电动车技术研发起步早，发展快，在 20 世纪 60 年代已成立电动车协会，因此在车用永磁同步电动机领域有较为丰富的经验。20 世纪末，丰田在车辆驱动系统中做出新的尝试，在其量产的 RAV4-EV 车型中选用了最大功率 50 kW，最高转速 1 300 r/min 的永磁同步电机。21 世纪初，本田汽车公司生产的 FCX-V4 车型所用永磁同步驱动电机可实现最高功率 60 kW，最大转矩 272 N · m。在超高速电机领域，日本已经拥有功率为 1 000 kW，转速为 15 000 r/min 的永磁同步发电机。

3.美国

美国以永磁同步电机来驱动的混动公交车可达到 72 km/h 的最高车速。但是和日本相比，美国的电动车技术研发起步较晚，感应电机仍然作为主流驱动电机广泛应用于各类电动车市场。通用电气研发的航空用永磁同步电机可达到 23 000 r/min 的超高转速，为了避免其电气元件在飞速旋转时被甩出，通常用护环等装置进行加固。

4.中国

目前，永磁同步电机在我国的电动汽车、航空以及航海等领域已有了广泛应用，尤其是近年来低碳经济的兴起以及国内对新能源汽车制造的大力支持，推动了永磁同步电机在新能源电动车的使用和研发。国内已经研制出的超高效永磁同步电机可达到 94.7% 的能量转换效率。另外，我国已研制出的油田抽油机专用永磁同步电机与相应异步电机相比，可实现超高效节能。但总体而言，我国专用永磁同步电机的市场占有量仍然较小，而且整体技术在国际上尚未达到领先水平。

6.1.2　关键技术

在碳中和的承诺推动下，节能环保的稀土永磁电机将迎来需求高增长。永磁同步电机与变频技术的结合，是电机控制技术的重要应用。永磁同步电机(PMSM)因其高效率、高功率密度和高可靠性而广泛用于各种应用，例如电动汽车、风力涡轮机、机器人和工业驱动。然而，在改进其性能、设计和控制方面仍然存在许多挑战和机遇。我们将探索永磁同步电机研发的一些最新关键技术，涵盖新材料、拓扑、建模、优化和故障诊断等主题。

1.新材料

影响永磁同步电机性能和成本的关键因素之一是永磁体、定子铁芯和绕组的材料选择。研究人员一直在寻找能够提供更好磁性能、更低损耗、更高热稳定性和更低环境影响的新材料。例如，最近的一些发展包括无稀土磁体、软磁复合材料、高温超导体和纳米材料。

2.新拓扑

增强永磁同步电机性能和功能的另一种方法是探索机器组件的新拓扑或配置。不同的拓扑结构在转矩、速度、功率因数、弱磁、容错和无传感器控制方面具有不同的优点和缺点。例如，已经提出或研究的一些新拓扑结构包括双定子永磁同步电机、磁通切换永磁同步电机、分数槽永磁同步电机和混合永磁同步电机。

3.全新结构

要设计、控制和优化永磁同步电机，准确高效的建模方法必不可少。然而，传统的建模方法可能无法捕获影响永磁同步电机动态行为和性能的所有非线性、不确定性和耦合。因此，研究人员正在开发新的建模技术，以考虑这些因素并提供更真实和可靠的结果。例如，一些新的建模方法包括有限元分析、人工神经网络、模糊逻辑和自适应观察器。

4.新的优化

优化是一个强大的工具，可以帮助提高永磁同步电机的效率、可靠性和质量。然而，永磁同步电机的优化问题可能是复杂的、非线性的、多目标的和受约束的。因此，研究人员正在应用新的优化算法来应对这些挑战并找到最佳或接近最佳的解决方案。例如，一些新的优化算法包括遗传算法、粒子群优化、蚁群优化和差分进化。

5.新的故障诊断

故障诊断是确保永磁同步电机安全可靠的一个重要方面。然而，由于电机结构的复杂性、故障类型的多样性以及噪声和扰动的干扰，永磁同步电机的故障检测和识别难度较大。因此，研究人员正在开发新的故障诊断方法，以提高故障诊断过程的灵敏度、准确性和鲁棒性。例如，一些新的故障诊断方法包括小波变换、希尔伯特变换、经验模态分解和机器学习。

6.1.3 同步电机的应用

同步电机广泛应用于机械制造、航空航天、汽车等领域。

(1)机械制造：同步电机在机器人、印刷机、木工机床、食品机械等领域得到了广泛应用。

(2)航空航天：同步电机可用于导航、飞行控制和起落架等部分的驱动系统。

(3)汽车：同步电机可以用于电动汽车、混合动力汽车和燃料电池汽车的动力系统。

除此之外，同步电机还可以用于工业自动化、家庭电器、医疗设备等领域。

6.2 三相同步发电机的运行特性

6.2.1 实验目的

(1) 掌握三相同步发电机在对称负载下运行特性的测量方法。

(2) 学会测量三相同步发电机对称运行时的稳态参数。

6.2.2 实验项目

(1) 电枢绕组冷态直流电阻的测定。

(2) 空载实验：在 $n=n_s$，$I=0$ 的条件下，测取空载特性曲线 $U_0=f(I_f)$。

(3) 三相短路实验：在 $n=n_s$，$U=0$ 的条件下，测取短路特性曲线 $I_k=f(I_f)$。

(4) 纯电感负载特性：在 $n=n_s$，$I=I_N$，$\cos\varphi\approx0$ 的条件下，测取零功率因数负载特性曲线 $U=f(I_f)$。

(5) 外特性：在 $n=n_s$，$I_f=I_{fN}$，$\cos\varphi=1$ 和 $\cos\varphi=0.8$(滞后)的条件下，测取外特性曲线 $U=f(I)$。

(6) 调整特性：在 $n=n_s$，$U=U_N$，$\cos\varphi=1$ 的条件下，测取调整特性曲线 $I_f=f(I)$。

6.2.3 实验仪器与设备

电机教学实验台：导轨、测速发电机及转速表、校正直流测功机、三相凸极式同步电机、交流电流表、交流电压表、单三相智能功率、功率因数表、直流电压表、毫安表、安培表、三相可调电阻器、三相可调电抗器、可调电阻器、电容器、旋转灯、并网开关、同步机励磁电源。

6.2.4　实验方法

1. 测定电枢绕组实际冷态直流电阻

被试电机为三相同步电机，选用机组二上的同步电机。

测量与计算方法参见 5.2.4 节中的实验 1。记录室温。测量数据记录于表 6－1 中。

表 6－1　电枢绕组实际冷态直流电阻　　　　（室温____℃）

	绕组Ⅰ			绕组Ⅱ			绕组Ⅲ		
R/Ω									

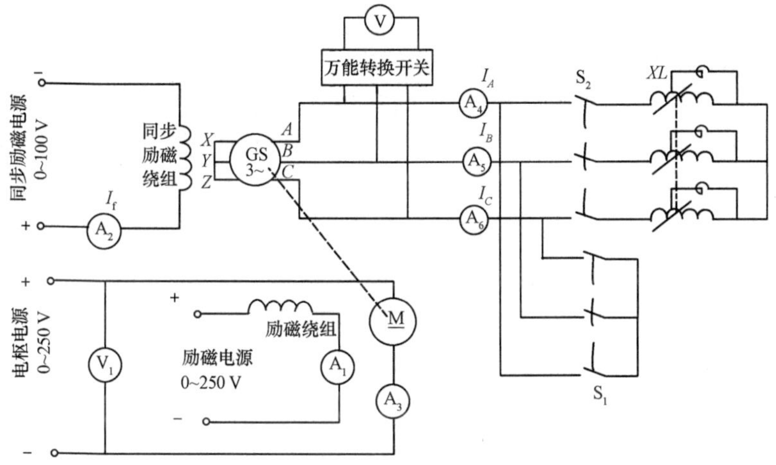

图 6－1　三相同步发电机实验接线图

2. 空载实验

实验前请仔细阅读 3.3.5 中第 1 小节，即直流电动机的启动与调速。

(1)按图 6－1 接线，直流电动机 M 按他励方式连接，用作电动机拖动三相同步发电机 GS 旋转，GS 的定子绕组为 Y 式△形接法，开关 S_1，S_2 选用挂件上的空气开关，仪表正确分配并选好量程。

(2)调节控制屏左侧的同步励磁电源调压器旋钮并逆时针旋至底，调节 M 的电枢电源调压旋钮逆时针调至底，开关 S_1、S_2 断开。检查控制屏上的电源总开关、电枢电源开关、励磁电源开关及同步励磁电源开关都须在“关”断的位置，做好实验开机准备。

(3)接通控制屏上的电源总开关，按下“启动”按钮，接通励磁电源开关，调节励磁电源的调压旋钮，看到电流表 A_1 有励磁电流指示后，再接通控制屏上的电枢电源开关，缓慢调节电枢电源调压旋钮启动 M。M 启动运行正常后，调节电枢电源和励磁电源使 M 转速达到同步发电机的额定转速 n_N 并保持恒定。

(4)接通 GS 励磁电源，调节 GS 励磁电流(必须单方向调节)，使 I_f 单方向递增至 GS 输出电压 $U_0 \approx 1.3U_N$ 为止，读取励磁电流 I_f 和相应的空载电压 U_0(上升)数据填于表 6－2 中。

(5)单方向减小 GS 励磁电流，使 I_f 单方向减至零值为止，读取励磁电流 I_f 和相应的

空载电压 U_0(下降)数据填于表 6－3 中。

表 6－2　三相同步发电机空载实验 1　　　　$(n=n_N, I=0)$

U_0/V										
I_f/A										

表 6－3　三相同步发电机空载实验 2　　　　$(n=n_N, I=0)$

U_0/V										
I_f/A										

在用实验方法测定同步发电机的空载特性时，由于转子磁路中剩磁情况的不同，当单方向改变励磁电流 I_f 从零到某一最大值，再反过来由此最大值减小到零时将得到上升和下降的两条不同曲线，如图 6－2。两条曲线的出现，反映铁磁材料中的磁滞现象。测定参数时使用下降曲线，其最高点取 $U_0 \approx 1.3U_N$，如剩磁电压较高，可延伸曲线的直线部分使与横轴相交，则交点的横坐标绝对值 Δi_{f0} 应作为校正量，在所有试验测得的励磁电流数据上加上此值，即得通过原点之校正曲线，如图 6－3 所示。

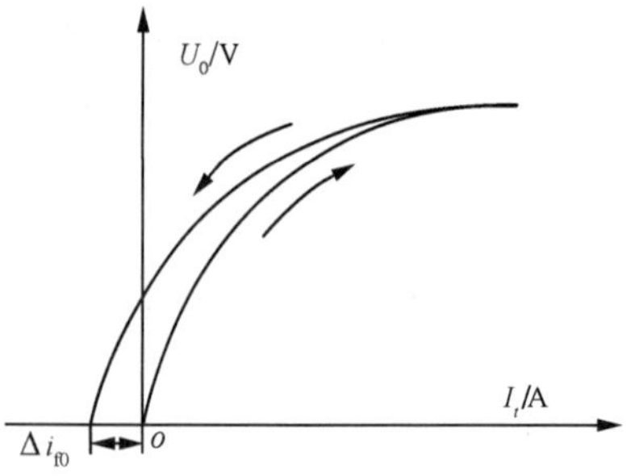

图 6－2　上升和下降两条空载特性

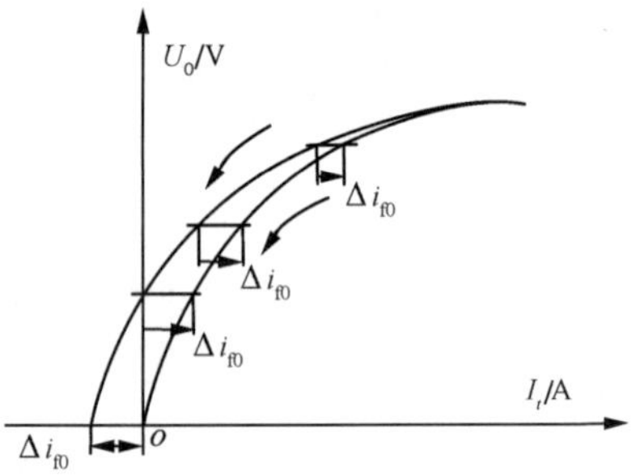

图 6－3　校正过的下降空载特性

3. 三相短路试验

(1)调节 GS 的励磁电源电压至最小。调节电机转速为额定转速，且保持恒定。

(2)接通 GS 的励磁电源开关，调节同步励磁电源输出使 GS 输出的三相线电压(即三只电压表 V 的读数)最小，然后把 GS 输出三端点短接，即合上开关 S_1。

(3)调节 GS 的励磁电流 I_f 使其定了电流 $I_K=1.2I_N$，读取 GS 的励磁电流值 I_f 和相应的定子电流值 I_K。

(4)减小 GS 的励磁电流使定子电流减小，直至励磁电流为零，读取励磁电流 I_f 和相应的定子电流 I_K(三相电枢电流的平均值)。

(5)共取数据 5～6 组并记录于表 6－4 中。

表 6-4　三相同步发电机短路实验　($U=0$ V；$n=n_N$)

序　号						
I_K/A						
I_f/A						

4. 负载外特性实验

(1)测同步发电机在纯电阻负载时的外特性。

①按图 6-1 接线，把图中 S_1 开关后接成三相可变电阻器 R_L，R_L选用三相可调电阻箱，调节其阻值为最大值。

②按他励直流电动机的启动步骤启动 M，调节电机转速达同步发电机额定转速，而且保持转速恒定。

③合上 S_1(S_2 必须断开)，电机 GS 带三相纯电阻负载运行。

④接通同步励磁电源，调节同步励磁电源的输出和负载电阻使同步发电机的端电压达额定值且负载电流亦达额定值。

⑤保持这时的同步发电机励磁电流 I_f恒定不变，调节负载电阻，测同步发电机端电压和相应的平衡负载电流，直至负载电流减小到零，测出整条外特性。

⑥共取数据 5～6 组并记录于表 6-5 中。

表 6-5　三相同步发电机纯电阻实验　($n=n_N$，$I_f=$____A，$\cos\varphi=1$)

U/V						
I/A						

(2)纯电感负载特性。

①调节可变电抗器使其阻抗达到最大。S_1 处于断开位置。

②先接通励磁电源，后接通电枢电源，启动直流电机 M，调节 M 的转速达 1 500 r/min 且保持恒定。合上开关 S_2，电机 GS 带纯电感负载运行。

③调节同步励磁电压和可变电抗器使同步发电机端电压接近于 1.1 倍额定电压且电流为额定电流，读取端电压值和励磁电流值。

④每次调节同步励磁电压，改变励磁电流，使电机端电压减小，且调节可变电抗器使定子电流值保持恒定为额定电流。读取端电压和相应的励磁电流。

⑤共取数据 5～6 组并记录于表 6-6 中。

表 6-6　三相同步发电机纯电感负载实验　($n=n_N$，$I_f=$____A，$\cos\varphi=0$)

U/V						
I/A						

(3)测同步发电机在负载功率因数为 0.8 时的外特性。

①在图 6-1 中接入功率因数表，开关 S_1，S_2 后分别接入纯电阻负载和纯电感负载，调节可变负载电阻使阻值达最大，调节可变电抗器使电抗值达最大值。

②调节 R_{f2} 至最大值，启动直流电机并调节电机转速至同步发电机额定转速，且保持转速恒定。合上开关 S_1，S_2。把 R_L 和 X_L 并联用作电机 GS 的感性负载。

③接通同步励磁电源，调节 R_{f2}、负载电阻 R_L 及可变电抗器 X_L，使同步发电机的端电压达额定值，负载电流达额定值及功率因数为 0.8。

④保持这时的同步发电机励磁电流 I_f 恒定不变，调节负载电阻 R_L 和可变电抗器 X_L，使负载电流改变而功率因数保持不变为 0.8，测同步发电机端电压和相应的平均负载电流，测出整条外特性。

⑤共取数据 5～6 组并记录于表 6-7 中。

表 6-7　三相同步发电机纯感性负载实验　　($n=n_N$，$I_f=$____A，$\cos\varphi=0.8$)

U/V						
I/A						

(4)测同步发电机在纯电阻负载时的调整特性。

①发电机接入三相电阻负载 R_L，调节 R_L 使阻值达最大，电机转速仍为额定转速 1 500 r/min 且保持恒定。

②调节同步励磁电源的输出使发电机端电压达额定值且保持恒定。

③调节 R_L 阻值，以改变负载电流，读取相应励磁电流 I_f 及负载电流，测出整条调整特性。

④共取数据 5～6 组记录于表 6-8 中。

表 6-8　三相同步发电机调整特性实验　　($n=n_N$，$U=U_N=400$ V)

U/V						
I/A						

6.2.5　实验报告

(1)根据实验数据绘出同步发电机的空载特性曲线。

(2)根据实验数据绘出同步发电机的短路特性曲线。

(3)根据实验数据绘出同步发电机的纯电感负载特性曲线。

(4)根据实验数据绘出同步发电机的外特性曲线。

(5)根据实验数据绘出同步发电机的调整特性曲线。

(6)由空载特性和短路特性求取电机定子漏抗 X_σ 和特性三角形。

(7)由零功率因数特性和空载特性确定电机定子保梯电抗。

(8)利用空载特性和短路特性确定同步发电机的直轴同步电抗 X_d(不饱和值)。

(9)利用空载特性和纯电感负载特性确定同步发电机的直轴同步电抗 X_d(饱和值)。

(10)求短路比。

(11)由外特性试验数据求取电压调整率 $\Delta u\%$。

6.2.6 预习要点

(1)三相同步发电机的运行特性曲线有哪几种？各特性曲线的大致形状如何？

(2)定子漏抗 $X_σ$ 和保梯电抗 X_p 分别代表什么参数？它们的差别是怎样产生的？

(3)由空载特性和特性三角形用作图法求得的零功率因数负载特性和实测特性是否有差别？造成这些差别的因素有哪些？

(4)怎样利用空载、短路和零功率因数负载特性曲线求三相同步发电机的参数？

6.3 三相同步发电机的并联运行

6.3.1 实验目的

(1) 掌握三相同步发电机投入电网并联运行的条件与操作方法。

(2) 掌握三相同步发电机并联运行时有功功率与无功功率的调节方法。

6.3.2 实验项目

(1) 用准确同步法将三相同步发电机投入电网并联运行。

(2) 用自整步法将三相同步发电机投入电网并联运行。

(3) 三相同步发电机与电网并联运行时有功功率的调节。

(4) 三相同步发电机与电网并联运行时无功功率的调节。

① 测取当输出功率等于零时三相同步发电机的 V 形曲线。

② 测取当输出功率等于 0.5 倍额定功率时三相同步发电机的 V 形曲线。

6.3.3 实验仪器与设备

电机教学实验台：主控制屏、电机导轨测速发电机及转速表、校正直流测功机、三相同步电动机、交流电流表、交流电压表、三相可调电阻器、旋转指示灯、并网开关、同步机励磁电源，整步表及开关、单三相智能功率、功率因数表、直流电压表、毫安表、安培表、可调电阻器、电容器。

6.3.4 实验方法

1. 用准同步法将三相同步发电机投入电网并联运行

三相同步发电机与电网并联运行必须满足下列条件：

(1)发电机的频率和电网频率要相同，即 $f_{Ⅱ}=f_{Ⅰ}$；

(2)发电机和电网电压大小、相位要相同，即 $E_{0Ⅱ}=U_{Ⅰ}$；

(3)发电机和电网的相序要相同。

为了检查这些条件是否满足，可用电压表检查电压，用灯光旋转法或整步表法检查相序和频率。

2. 旋转灯光法

实验前请仔细阅读 3.3.4 节中实验 1 即直流电动机的启动与调速。

(1)按图 6－4 接线。三相同步发电机 GS 选用机组二的同步发电机,GS 的原动机采用机组二的直流电动机 M,R 选用 8～10 倍同步励磁绕组的阻值,电阻调至合适位置,开关 S_2 处于闭合状态,其余开关处于断开状态。

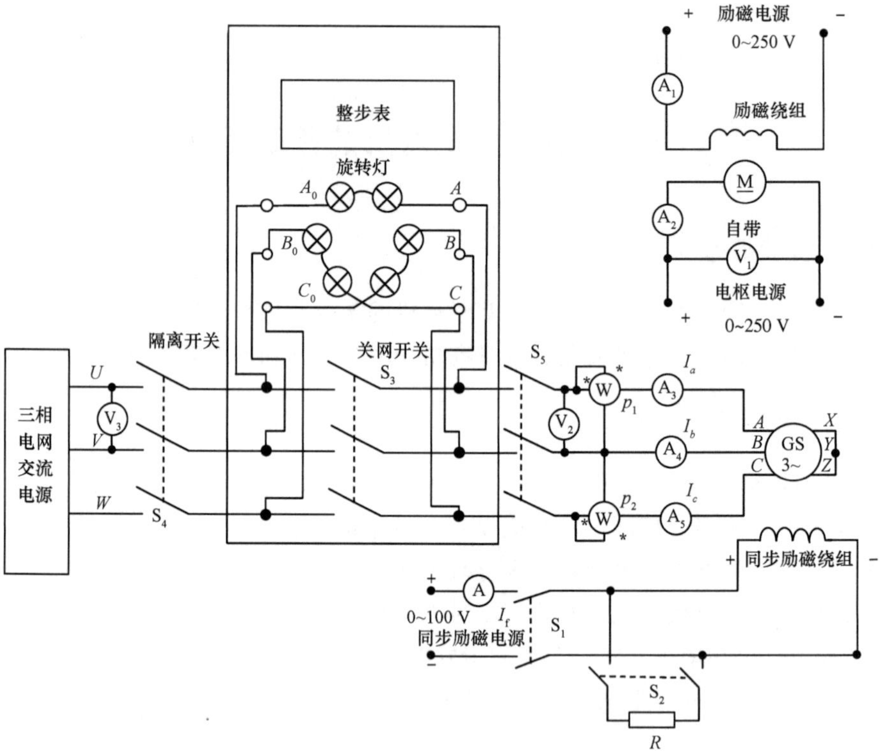

图 6－4 三相同步发电机并网实验接线图

(2)电网电压通过 V_3 观察。

(3)按他励电动机的启动步骤,启动 M 并使 M 电机转速达到同步转速 n_N。将先断开 S_2 开关,然后开关 S_1 合上,打开同步励磁电源,调节同步励磁电源输出,使同步发电机输出额定电压 U_N,可通过 V_2 表观测,整步表上琴键开关打在"断开"位置。

(4)闭合 S_4,S_5 开关,观察三组灯,若依次明灭形成旋转灯光,则表示发电机和电网相序相同,若三组相灯同时发亮、同时熄灭则表示发电机和电网相序不同。当发电机和电网相序不同则应停机(必须按照停机步骤规范停机)。在确保断电的情况下,调换发电机或三相电源任意两根端线以改变相序后,按前述方法重新启动 M,重复前面操作步骤。

(5)当发电机和电网相序相同时,调节同步发电机励磁使同步发电机电压和电网(电源)电压相同。再进一步细调原动机转速,使各相灯光缓慢地轮流旋转发亮,此时接通整步表上琴键开关,观察 V 表和 H_Z 表上指针在中间位置,S 表指针缓慢旋转。待 A 相灯熄灭时合上并网开关 S_3,把同步发电机投入电网并联运行(为选准并网时机,可让其循环几次再并网),细调同步电机励磁电流,使同步电机电枢电流为最小。

(6)停机时应先断开整步表上琴键开关，然后断开并网开关 S_3，按他励直流电动机的停机方法将 M 停机，按下控制屏"停止"按钮。

3. 用自同步法将三相同步发电机投入电网并联运行。

(1)在并网开关 S_3 断开且相序相同的条件下，把 S_2 闭合，整步表上琴键开关打在"断开"位置。

(2)按他励电动机的启动步骤启动 M，并使 M 升速到接近同步转速1 485～1 515 r/min 之间。

(3)调节同步电机励磁电源调压旋钮，以调节 I_f 使发电机电压约等于电网电压 U_N。

(4)将开关 S_2 断开，闭合 S_1 开关，预加一定的励磁电流，然后断开 S_1 闭合 S_2。R 用固定阻值(约为三相同步发电机励磁绕组电阻的 8～10 倍)。

(5)合上并网开关 S_3，立即断开 S_2 闭合 S_1，这时电机利用"自整步作用"使它迅速被牵入同步，再接通整步表开关。

4. 三相同步发电机与电网并联运行时有功功率的调节

(1)按上述任意一种方法把同步发电机投入电网并联运行。

(2)并网以后，调节直流电动机 M 的励磁电流和发电机的励磁电流 I_f 使同步发电机定子电流接近于零，这时相应的同步发电机励磁电流 $I_f=I_{f0}$。

(3)保持这一励磁电流 I_{f0} 不变，增大直流电动机的电枢电压(当增大到 U_N 时不再增大)或减少直流电动机励磁电流，这时同步发电机输出功率 P_2(三相总功率为负值即表明同步电机工作在发电状态)增大。

(4)在同步机定子电流接近于零到额定电流的范围内读取三相电流、三相功率、功率因数，共取数据 6～7 组记录于表 6-9 中。

表 6-9　有功功率的调节　($U=$____V，$I_f=I_{f0}=$____A)

序号	输出电流 I/A				输出功率 P_2/W			功率因数
	I_A	I_B	I_C	I	$P_Ⅰ$	$P_Ⅱ$	P_2	$\cos\varphi$
1								
2								
3								
4								
5								
6								
7								

表中：$I=(I_A+I_B+I_C)/3$，$P_2=P_Ⅰ+P_Ⅱ$，$\cos\varphi=P_2/\sqrt{3}UI$。

5. 三相同步发电机与电网并联运行时无功功率的调节

(1)测取当输出功率等于零时三相同步发电机的 V 形曲线。

①按上述任意一种方法把同步发电机投入电网并联运行。

②保持同步发电机的输出功率 $P_2 \approx 0$。

③先调节同步励磁电源电压使同步发电机励磁电流 I_f 上升，使同步发电机定子电流上升到额定电流，调节直流电动机电枢电源电压，保持 $P_2 \approx 0$。记录此点同步发电机励磁电流 I_f、定子电流 I。

④减小同步电机励磁电流 I_f，使定子电流 I 减小到最小值，记录此点数据。

⑤继续减小同步电机励磁电流，这时定子电流又将增大。

⑥在过励和欠励情况下读取数据 8～9 组记录于表 6-10 中。

表 6-10　无功功率的调节（n=____r/min，U=____V，$P_2 \approx 0$ W）

序号	三相电流 I/A				励磁电流 I_f/A
	I_A	I_B	I_C	I	I_f
1					
2					
3					
4					
5					
6					
7					
8					

表中：$I=(I_A+I_B+I_C)/3$。

(2)测取当输出功率等于 0.5 倍额定功率时三相同步发电机的 V 形曲线。

①按上述任意一种方法把同步发电机投入电网并联运行。

②保持同步发电机的输出功率 P_2 等于额定功率的 1/2(三相总功率为负值)。

③增加同步发电机励磁电流 I_f，使同步发电机定子电流上升到额定电流，记录此点同步发电机励磁电流 I_f，定子电流 I。

④减小同步发电机励磁电流 I_f，使定子电流 I 减小到最小值，记录此点数据。

⑤继续减小同步电机励磁电流 I_f，这时定子电流又将增大至额定电流。

⑥在这过励和欠励情况下共取数据 9～10 组，并记录于表 6-11 中。

表 6-11　$0.5P_N$ 时的 V 形曲线（n=____r/min，U=____V，$P_2 \approx 0.5P_N$）

序号	三相电流 I/A				励磁电流 I_f/A
	I_A	I_B	I_C	I	I_f
1					
2					
3					
4					

续表

序号	三相电流 I/A				励磁电流 I_f/A
	I_A	I_B	I_C	I	I_f
5					
6					
7					
8					
9					
10					

表中：$I=(I_A+I_B+I_C)/3$。

6.3.5　实验报告

(1)分析三相同步发电机投入电网并联运行的准确同步法和自整步法的优缺点。
(2)试述并联运行条件不满足时并网将引起什么后果?
(3)试述三相同步发电机和电网并联运行时有功功率和无功功率的调节方法。
(4)画出 $P_2\approx0$ 和 P_2=额定功率/2 时同步发电机的 V 形曲线,并加以说明。

6.3.6　预习要点

(1)三相同步发电机与电网并联运行必须具备哪些条件？如何满足这些条件?
(2)三相同步发电机并联运行时,如何调节其有功功率和无功功率?

6.4　三相同步发电机的参数测定

6.4.1　实验目的

掌握三相同步发电机参数的测定方法。

6.4.2　实验项目

(1) 用转差法测定同步发电机的同步电抗 X_d,X_q。
(2) 用反同步旋转法测定同步发电机的负序电抗 X_2 及负序电阻 R_2。
(3) 用单相电源测同步发电机的零序电抗 X_0。
(4) 用静止法测超瞬变电抗 X_d'',X_q''或瞬变电抗 X_d',X_q'。

6.4.3　实验仪器与设备

电机教学实验台:主控制屏、导轨、测速发电机及转速表、校正直流测功机、三相同步电机、三相可调电阻器、可调电阻器、电容器、交流电流表、交流电压表、三相智能功率、功率因数表、波形测试及开关板。

6.4.4 实验方法

实验前请仔细阅读 3.2.4 节中实验 1 即直流电动机的启动与调速。

1. 用转差法测定同步发电机的同步电抗 X_d,X_q

(1)按图 6-5(a)接线。同步发电机 GS 定子绕组用 Y 形接法。直流发电机 M 按他励电动机方式接线,用作 GS 的原动机,R 选用三相可调电阻箱上的一只固定电阻,开关 S 保持闭合,交流电压表、电流表选择指针式仪表。

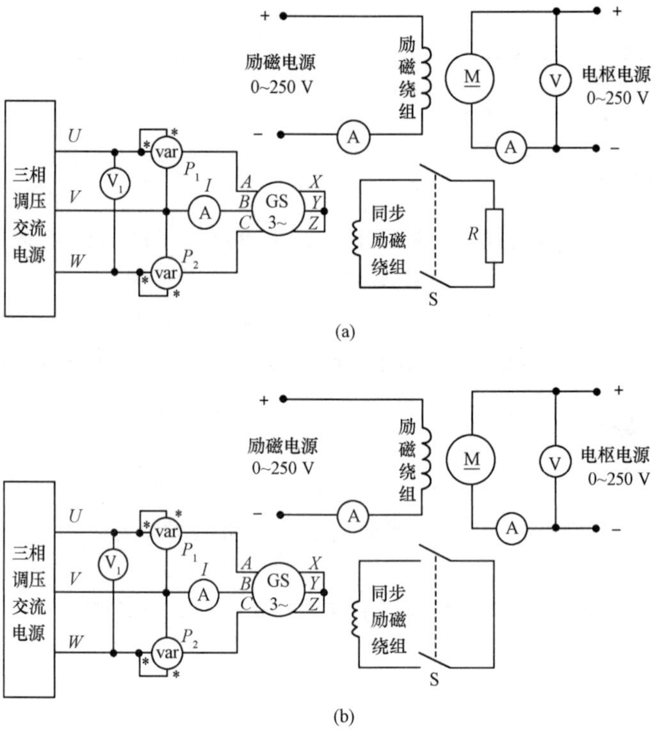

图 6-5 用转差法测同步发电机的同步电抗接线图

(2)把三相感应调压器电压调到 0 V,功率表电流线圈短接(或功率表不接)。检查双路直流电源的开关必须在“关闭”的位置。

(3)接通控制屏上的电源总开关,按下“启动”按钮,先接通励磁电源,后接通电枢电源,正确启动直流电动机 M,观察电动机转向。

(4)断开电枢电源和励磁电源,使直流电机 M 停机。再调节三相感应调压器,给三相同步电机施加电压,使三相同步电动机启动,观察同步电机转向。

(5)若此时同步电机转向与直流电机转向一致,则说明同步机定子旋转磁场与转子转向一致,若不一致,将三相电源任意两相换接,使定子旋转磁场转向改变。

(6)给同步发电机加 5%～15%的额定电压(电压数值不宜过高,以免磁阻转矩将电机牵入同步,同时也不能太低,以免剩磁引起较大误差)。

(7)调节直流电机 M 转速,使之升速到接近 GS 的额定转速,直至同步发电机电枢电流表指针缓慢摆动,在同一瞬间读取电枢电流周期性摆动的最小值与相应电压最大值,以及电流周期性摆动最大值和相应电压最小值。

(8)测此两组数据记录于表 6－12 中。

表 6－12　用转差法测定同步发电机的同步电抗 X_d,X_q

序号	I_{max}/A	U_{min}/V	X_q/Ω	I_{min}/A	U_{max}/V	X_d/Ω
1						
2						

计算:$X_q=U_{min}/\sqrt{3}I_{max}$,$X_d=U_{max}/\sqrt{3}I_{min}$。

2. 用反同步旋转法测定同步发电机的负序电抗 X_2 及负序电阻 R_2

(1)按图 6－5(b),将(a)中同步发电机电枢绕组任意两相对换,以改换相序使同步发电机的定子旋转磁场和转子转向相反,固定电阻去掉,换成短接线。

(2)开关 S 闭合,调压器旋钮退至零位。

(3)接通控制屏总电源,按下"启动"按钮,先接通励磁电源后接通电枢电源。正确启动直流电机 M,并使电机升至额定转速。

(4)按"合闸"接通感应调压器输出端,然后按下"升压"按钮,使三相交流电源逐渐升压直至同步发电机电枢电流达 30%～40%额定电流。

(5)读取电枢绕组电压、电流和功率值两组数据,并记录于表 6－13 中。

表 6－13　用反同步旋转法测定同步发电机的负序电抗 X_2 及负序电阻 R_2

序号	I/A	U/V	P_{I}/W	P_{II}/W	P/W	r_2/Ω	X_2/Ω
1							
2							

表中:$P=P_{\text{I}}+P_{\text{II}}$,$Z_2=U/(\sqrt{3}I)$。

计算:$r_2=P/(3I^2)$,$X_2=\sqrt{Z_2^2-r_2^2}$。

3. 用单相电源测同步发电机的零序电抗 X_0

(1)按图 6－6 接线,将 GS 的三相电枢绕组首尾依次串联,接至单相交流电源 U,N 端上。

(2)按下"降压"按钮,使感应调压器输出电压为零,然后按"分闸"按钮。同步发电机励磁绕组应短接。

(3)启动直流电机 M,并使电机升至额定转速。

(4)接通交流电源并按下"升压"按钮,调节电压,使 GS 定子绕组电流上升至额定电流值。

(5)测取此时的电压、电流和功率值,并记录于表 6－14 中。

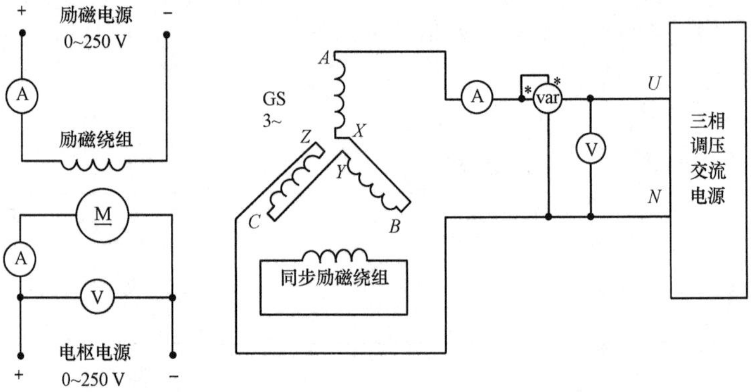

图 6-6　用单相电源测同步发电机的零序电抗

表 6-14　用单相电源测同步发电机的零序电抗 X_0

序号	U/V	I/A	P/W	X_0/Ω
1				

表中 X_0 的计算：$Z_0=U/(3I)$，$r_0=P/(3I^2)$，$X_0=\sqrt{Z_0^2-r_0^2}$。

4. 用静止法测超瞬变电抗 X_d''，X_q'' 或瞬变电抗 X_d'，X_q'

(1)按图 6-7 接线，将 GS 三相电枢绕组连接成星形，任取两相端点接至单相交流电源 U，N 端上。两只电流表均用指针式仪表。

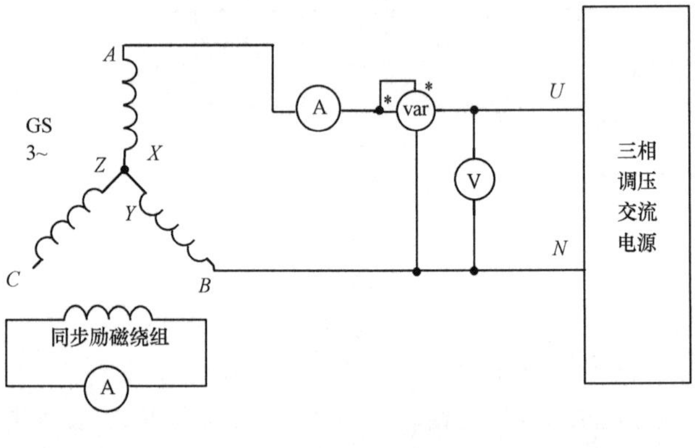

图 6-7　用静止法测超瞬变电抗

(2)调压器退到零位，发电机处于静止状态。

(3)接通交流电源并调节感应调压器的输出电压值，使同步发电机定子绕组电流接近 $20\%I_N$。

(4)用手慢慢转动同步发电机转子，观察两只电流表读数的变化，仔细调整同步发电机转子的位置，使两只电流表读数达最大。

(5)读取该位置时的电压、定子绕组电流、功率值，并记录于表 6-15 中。从这数据可测定 X_d''。

表 6－15　用静止法测超瞬变电抗 X_d'',X_q''或瞬变电抗 X_d',X_q'

序号	U/V	I/A	P/W	X_d''/Ω
1				

表中 X_d''的计算：$Z_d''=U/(2I)$，$r_d''=P/(2I^2)$，$X_d''=\sqrt{Z_d^{2''}-r_d^{2''}}$。

(6)把同步发电机转子转过 45°角，在这附近仔细调整同步发电机转子的位置，使两只电流表读数达最小。

(7)读取这位置时的电压 U、电流 I、功率 P 值，并记录于表 6－16 中。从这数据可测定 X_q''。

表 6－16　用静止法测超瞬变电抗 X_d'',X_q''或瞬变电抗 X_d',X_q'

序号	U/V	I/A	P/W	X_q''/Ω
1				

表中 X_q''的计算：$Z_q''=U/(2I)$，$r_q''=P/(2I^2)$，$X_q''=\sqrt{Z_q^{2''}-r_q^{2''}}$。

6.4.5　实验报告

根据实验结果，完成以下报告内容。

1. 求出交轴与直轴的同步电抗及其标么值

$$X_d=\frac{U_{\varphi\max}}{I_{\varphi\min}},\quad X_d^*=\frac{X_d}{Z_N}$$

$$X_q=\frac{U_{\varphi\min}}{I_{\varphi\max}},\quad X_q^*=\frac{X_q}{Z_N}$$

式中，Z_N 为三相同步发电机的阻抗基值。当电枢绕组为星形接法时，有：

$$Z_N=\frac{U_N}{\sqrt{3}I_N}$$

式中，U_N 为额定线电压，单位为 V；I_N 为额定线电流，单位为 A。

2. 求出负序电抗及其标么值

$$Z_2=\frac{U_\varphi}{I_\varphi},\quad Z_2^*=\frac{Z_2}{Z_N}$$

$$R_2=\frac{P}{3I_\varphi^2},\quad R_2^*=\frac{R_2}{Z_N}$$

$$X_2=\sqrt{Z_2^2-R_2^2},\quad X_2^*=\frac{X_2}{Z_N}$$

3. 求出零序电抗及其标么值

$$X_0=\frac{U_0}{3I_0}$$

4. 求出交轴与直轴的超瞬变电抗或瞬变电抗及其标么值

$$X_d''=\frac{U_{\min}}{2I_{\max}},\quad X_d^{*''}=\frac{X_d''}{Z_N}$$

$$X_q''=\frac{U_{max}}{2I_{min}},\quad X_q^{*}''=\frac{X_q''}{Z_N}$$

6.4.6 预习要点

(1)三相同步发电机参数 X_d,X_q,X_d',X_q',X_d'',X_q'',X_2,X_0 等电抗的物理含义及测量方法是什么?

(2)用什么方法判断定子旋转磁场与转子的旋转方向相同或相反?

(3)负序电抗 X_2 比零序电抗 X_0 大还是小?

6.5 三相同步电动机

6.5.1 实验目的

(1) 掌握三相同步电动机的异步启动方法。

(2) 掌握三相同步电动机的 V 形曲线和工作特性的测定方法。

6.5.2 实验项目

(1) 三相同步电动机的异步启动。

(2) 测取三相同步电动机输出功率 $P_2\approx 0$ 时的 V 形曲线。

(3) 测取三相同步电动机输出功率 P_2=额定功率/2 时的 V 形曲线。

(4) 测取三相同步电动机的工作特性曲线。

6.5.3 实验仪器与设备

电机教学实验台:主控制屏,平板,转速转矩传感器及测量仪,三相凸极式同步电机,交流电流表,交流电压表,单三相智能功率、功率因数表,直流电压表、毫安表、安培表,三相可调电阻器,旋转灯,并网开关,同步机励磁电源,波形测试及开关板。

6.5.4 实验方法

1. 三相同步电动机的异步启动

(1)按图 6-8 接线。其中 R 的阻值为同步电动机 MS 励磁绕组电阻的 8~10 倍,R_L 选用三相可调电阻负载上的两只并联并调至最大,开关 S_1~S_5 用空气开关,MS 为机组二的同步电机(Y 接法)。S_5 开关为仪表短接开关(相序一定要对好),启动电机时必须闭合,启动完毕后打开。特别注意:同步电机异步启动时,在没有牵入同步转速时,同步电机电枢电流很大,切不可长时间异步运行。

(2)闭合开关 S_1、S_5,断开 S_2,接通电源总开关,并按下"启动"按钮,再按下"合闸"按钮,复零指示灯亮,打开同步机励磁电源,调节同步电机励磁电源调压旋钮,使同步电机励磁电流 I_f 约为额定励磁电流。

(3)断开开关 S_1,闭合 S_2,调节调压器输出电压在 $60\%U_N$ 左右,闭合开关 S_4,观察电

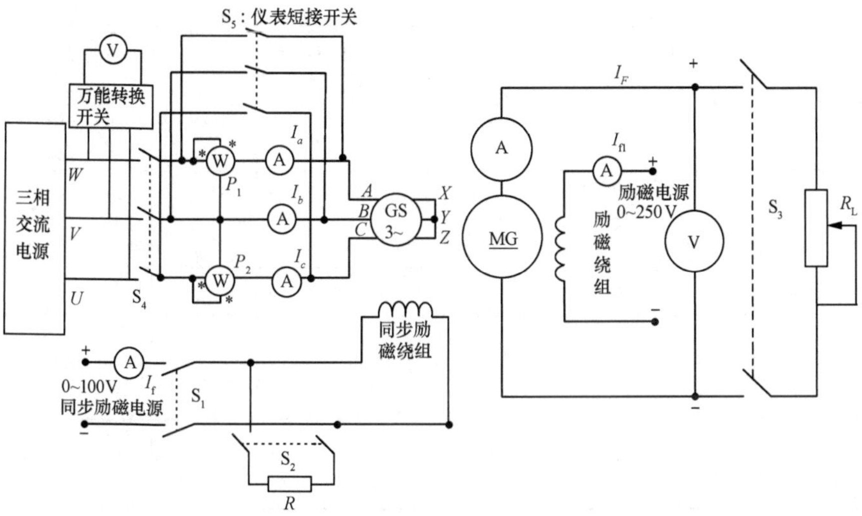

图 6-8　三相同步电动机实验接线图

机旋转方向，若不符合则应停机改变相序，使电机旋转方向符合要求，并重复上述步骤。此时同步电机工作在半速状态。

(4)继续升高调压器输出电压，使同步电机迅速达到异步转速(即比同步转速略低)，同时断开 S_2，并合上 S_1，让同步电动机励磁绕组加直流励磁而强制拉入同步运行，断开 S_5，细调同步电机励磁电流，使同步电机电枢电流为最小。此时，异步启动同步电动机的整个启动过程完毕。

2. 测取三相同步电动机输出功率 $P_2\approx0$ 时的 V 形曲线

(1)同步电动机空载，按上述方法启动同步电动机。

(2)调节同步电动机的励磁电流 I_f，并使 I_f增加，这时同步电动机的定子三相电流 I 亦随之增加直至达额定值，记录定子三相电流 I 和相应的励磁电流 I_f、输入功率 P_1。

(3)调节 I_f，使 I_f逐渐减小，这时 I 亦随之减小直至最小值，记录这时 MS 的定子三相电流 I、励磁电流 I_f及输入功率 P_1。

(4)继续减小同步电动机的励磁电流 I_f，直到同步电动机的定子三相电流反而增大，达到额定值。

(5)在过励和欠励范围内读取数据 9～11 组，并记录于表 6-17 中。

表 6-17　三相同步电动机 $P_2\approx0$ 时的 V 形曲线（$n=$____r/min,$U=$____V,$P_2\approx0$）

序号	定子三相电流 I/A				励磁电流 I_f/A	输入功率 P_1/W		
	I_A	I_B	I_C	I	I_f	$P_Ⅰ$	$P_Ⅱ$	P_1
1								
2								
3								

续表

序号	定子三相电流 I/A				励磁电流 I_f/A	输入功率 P_1/W		
	I_A	I_B	I_C	I	I_f	P_{I}	P_{II}	P_1
4								
5								
6								
7								
8								
9								
10								
11								

表中：$I=(I_A+I_B+I_C)/3$，$P_1=P_{\mathrm{I}}+P_{\mathrm{II}}$。

3. 测取三相同步电动机输出功率 $P_2\approx$额定功率/2 时的 V 形曲线

(1)同轴连接直流电机 MG(按他励发电机接线)作 MS 的负载。

(2)按上述方法启动同步电动机，保持直流电机的励磁电流为额定值，合上开关 S_2，改变直流电机负载电阻 R_L的大小，使同步电动机输出功率 P_2 改变。直至同步电动机输出功率接近于额定功率的 1/2(三相总功率为正值)，且保持不变。

(3)调节同步电动机的励磁电流 I_f，使 I_f增加，这时同步电动机的定子三相电流 I 亦随之增加，直到同步电动机达额定电流，记录定子三相电流 I 和相应的励磁电流 I_f，输入功率 P_1。

(4)调节 I_f，使 I_f逐渐减小，这时 I 亦随之减小直至最小值，记录这时的定子三相电流 I、励磁电流 I_f、输入功率 P_1。

(5)继续调小 I_f，这时同步电动机的定子电流 I 反而增大直到额定值 。

(6)在过励和欠励范围内读取数据 9～11 组，并记录于表 6－18 中。

表 6－18　三相同步电动机 $P_2\approx0.5P_N$时的 V 形曲线（$n=$____r/min，$U=$____V，$P_2\approx0.5P_N$）

序号	定子三相电流 I/A				励磁电流 I_f/A	输入功率 P_1/W		
	I_A	I_B	I_C	I	I_f	P_{I}	P_{II}	P_1
1								
2								
3								
4								
5								
6								

续表

序号	定子三相电流 I/A				励磁电流 I_f/A	输入功率 P_1/W		
	I_A	I_B	I_C	I	I_f	P_{I}	P_{II}	P_1
7								
8								
9								
10								
11								

表中：$I=(I_A+I_B+I_C)/3$，$P_1=P_{\text{I}}+P_{\text{II}}$。

4. 测取三相同步电动机的工作特性

(1)按上述方法启动同步电动机。

(2)调节直流发电机的励磁电源电压为 U_N，观察此时的直流发电机的励磁电流值并保持不变。如果负载电机为经校正过的直流测功机，则需要把电枢电流串联在转矩转速挂件中的电枢电流转入线中，励磁电流为校正值，并维持不变。

(3)调节直流发电机的负载电流 I_F，同时调节同步电动机的励磁电流 I_f，使同步电动机输出功率 P_2 达额定值及功率因数为 1。

(4)保持此时同步电动机的励磁电流 I_f 及直流发电机的励磁电流恒定不变，逐渐减小直流电机的负载电流，使同步电动机输出功率逐渐减小直至为零，读取定子电流 I、输入功率 P_1、转速 n。共取数据 4～5 组，并记录于表 6-19 中。

表 6-19　三相同步电动机的工作特性　($U=U_N=$____V，$I_f=$____A，$n=$　r/min)

同步电动机输入								输出功率	
I_A	I_B	I_C	I	P_{I}	P_{II}	P_1	$\cos\varphi$	T	P_2

表中：$I=(I_A+I_B+I_C)/3$，$P_1=P_{\text{I}}+P_{\text{II}}$。

6.5.5　实验报告

(1)作 $P_2\approx 0$ 时同步电动机的 V 形曲线 $I=f(I_f)$，并说明定子电流的性质。

(2)作 $P_2=$额定功率/2 时同步电动机的 V 形曲线 $I=f(I_f)$，并说明定子电流的性质。

(3)作同步电动机的工作特性曲线：$I,P_1,\cos\varphi,T_2,\eta=f(P_2)$。

(4)分析上述曲线的物理意义。

6.5.6 预习要点

(1)三相同步电动机异步启动的原理及操作步骤是怎样的?

(2)三相同步电动机异步启动时,为什么励磁绕组不能开路或直接短路?

(3)V形曲线的物理含义是什么?三相同步电动机的励磁对电网的功率因数有什么影响?

6.6 大型同步发电机故障特性虚拟仿真实验

6.6.1 实验目的

(1)了解大型同步发电机的构造。

(2)掌握用静态法测定三相大型同步发电机瞬态和超瞬态电抗的实验方法。

(3)掌握大型同步发电机瞬态和超瞬态电抗的计算方法。

(4)熟练掌握大型同步发电机突然短路实验操作步骤、暂态过程的测量方法及分析方法。

6.6.2 实验原理

1.同步发电机的构成与工作原理及实验方法

同步发电机由定子铁心与定子绕组、转子铁心与转子绕组等部分组成。同步发电机工作时,转子的励磁绕组通入直流电流,原动机带动转子以同步转速旋转,定子的三相绕组中流过三相对称电流。在转子励磁绕组中通入直流电流时,将产生极性恒定的静止磁场,该磁场在原动机的作用下以同步转速旋转。当定子三相对称绕组中流过三相交变电流时,将在气隙中产生旋转磁场。定子旋转磁场受转子磁场的电磁拉力作用而随转子同步旋转,即定子旋转磁场的转向和转速与转子保持一致。

本虚拟仿真实验系统通过三维模型展示了同步发电机的各个零部件,学生在掌握同步发电机的结构与工作原理后,在虚拟实验系统中按照正确的装配顺序,组装一台完整的同步发电机。

2.大型同步发电机瞬态和超瞬态电抗测量原理及实验方法

同步发电机的瞬态和超瞬态电抗可用静测法测量。测试接线图如图 6-9 所示,励磁绕组经交流电流表直接短路,在定子任两相间加一额定频率的低电压。缓缓移动转子位置,直到励磁绕组中感应电流最大为止,量取电枢电流 I_1、外施电压 U_1 和输入功率 P_1。在励磁绕组中感应电流最小时(近似为零),量取电枢电流 I_2、外施电压 U_2 和输入功率 P_2。

由于两相通电时产生的是脉振磁场,当脉振磁场轴线与转子 d 轴重合时,定、转子绕组之间的变压器作用最强,转子绕组中的感应电流最大,故相应的测试数据用于计算直轴参数。反之,当脉振磁场轴线与转子 q 轴重合时,定、转子绕组之间的变压器作用最弱,转子感应电流最小,相应数据也就用于计算交轴参数。

综上，有超瞬变电抗的计算式：

$$X_d''=\sqrt{\left[\left(\frac{U_1}{2I_1}\right)^2-\left(\frac{P_1}{2I_1^2}\right)^2\right]}$$

$$X_q''=\sqrt{\left[\left(\frac{U_2}{2I_2}\right)^2-\left(\frac{P_2}{2I_2^2}\right)^2\right]}$$

如果转子上没有阻尼绕组，则以上测试结果为瞬变电抗 X_d' 和 X_q'。

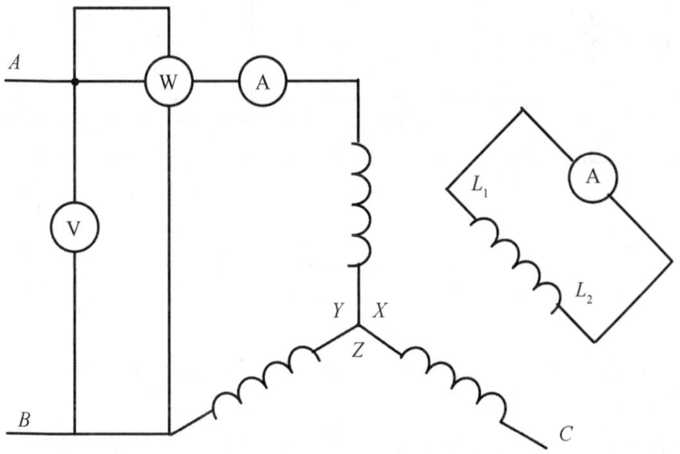

图 6-9　测定三相大型同步发电机瞬态和超瞬态电抗参考接线图

3.大型同步发电机突然短路状态下的暂态分析实验原理及实现方法

在分析同步发电机突然三相短路暂态过程时，可以利用叠加原理，这样同步发电机端突然短路相当于在发电机端口处突然加上了与电机短路前的端电压大小相等、方向相反的三相电压。在定子绕组上突然加以对称的三相电压后，为了保持其无源闭合电路的磁链不变，在其定子绕组中将要引起相应的瞬变电流，并且这些瞬变电流还要按照一定的时间常数逐步衰减至稳态值。

将测试仪器按照图 6-10 要求接线，并使其处于测量状态。示波器电压探头接在电压互感器二次侧，示波器电流探头钳在电流互感器二次侧；用短路母排将定子绕组 A、B、C 三相短接。启动原动机，调节气体流量调节阀，将机组转速调节到额定转速并维持不变。闭合励磁电源开关，调节励磁电流，使三相同步发电机机端电压升至合适大小，并用示波器记录空载电压。合上短路实验开关，同时用示波器记录电压、电流的暂态过程，然后尽快断开短路实验开关。

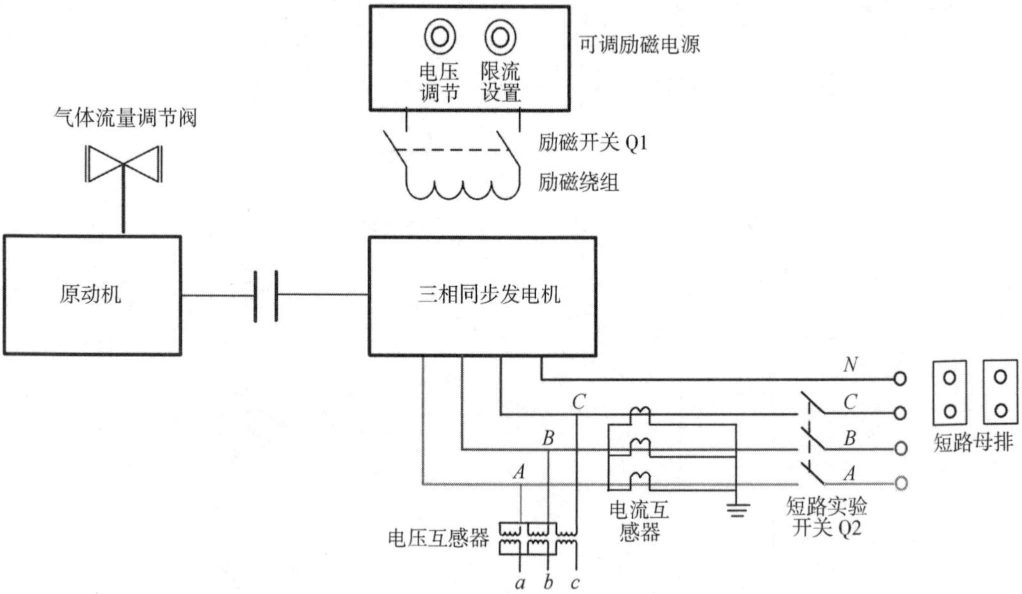

图 6-10 同步发电机突然短路状态下的暂态实验参考图

6.6.3 实验设备

1.计算机硬件配置要求

CPU:i5-7500 以上。

CPU 主频:2.4 GHz 及以上。

内存:8 G 以上,推荐 16 G。

硬盘:500 G 以上。

显卡:GeForce GTX1050 以上。

网卡:千兆网卡。

2.计算机软件配置要求

Windows 平台:浏览器 64 位 Firefox 56 以上,64 位 Chrome 61 以上。

6.6.4 实验步骤与内容

1.登录实验系统

(1)登录共享平台,下列两种方法任选其一。

①复制以下网址到浏览器地址栏访问:https://www.zhihuishu.com。

②百度搜索智慧树网,点击搜索列表内的结果进入共享平台。

(2)注册登录及认证。

①点击右上角的"登录/注册"按钮进行账号注册(已注册的同学可直接登录)。

②输入手机号、密码及验证码进行注册。遇到问题,点击下方的联系客服进行咨询解决。

③注册完成后,输入学校、学院、姓名、学号等信息进行提交认证。

(3)进入学堂界面,顶部显示老师邀请加入课程的消息,点击“加入课程”按钮即可。

(4)下方的课程列表内会出现刚刚加入的新课程,点击该列表即可进入该课程。

(5)进入课程后,通过标签栏切换到虚仿实验,即可看到该课程。点击“查看实验”按钮并等待加载完成后即可开始实验。

图 6-11 为虚拟仿真系统初始化界面。

图 6-11　虚拟仿真系统初始化界面

2.交互性操作步骤

在了解实验目的、学习实验原理后,点击“开始实验”可进入实验。实验分为“学习模式”以及“考核模式”(见图 6-12),同学们需要先选择学习模式进行相关实验操作学习。整个实验分为“大型同步电机的认识与组装”“大型同步电机瞬态和超瞬态电抗的测定”“大型同步电机突然短路状态下的暂态分析实验”三个模块(见图 6-13)。

图 6-12　虚拟仿真实验的两种模式

图 6-13　虚拟仿真实验的三个模块

模块一:大型同步发电机的认知与组装。

(1)点击“模块一:大型同步电机的认知与组装”,进入学习模式,学习结构组装模块相关知识。

注意:如果文字积压在一起,点击右上角全屏即可。

(2)在学习模式下的发电机认知模块,可学习隐极式同步发电机各个组成部分,如定子铁芯(见图 6-14)、转子铁芯(见图 6-15)、定子线圈和励磁绕组等的具体结构与特点。在左侧选择相应模型,右侧观察学习模型。

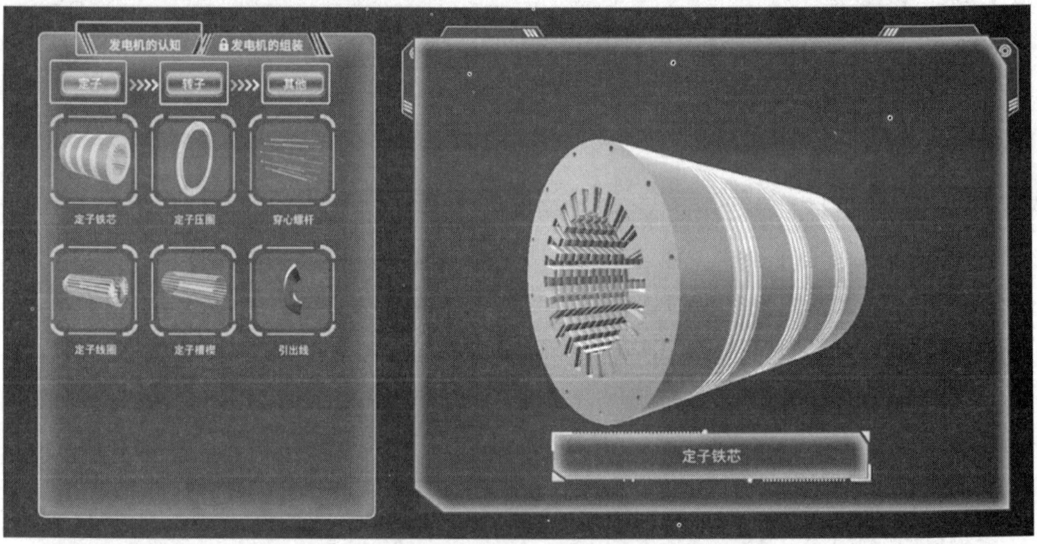

图 6-14　学习隐极式同步发电机定子铁芯的构造

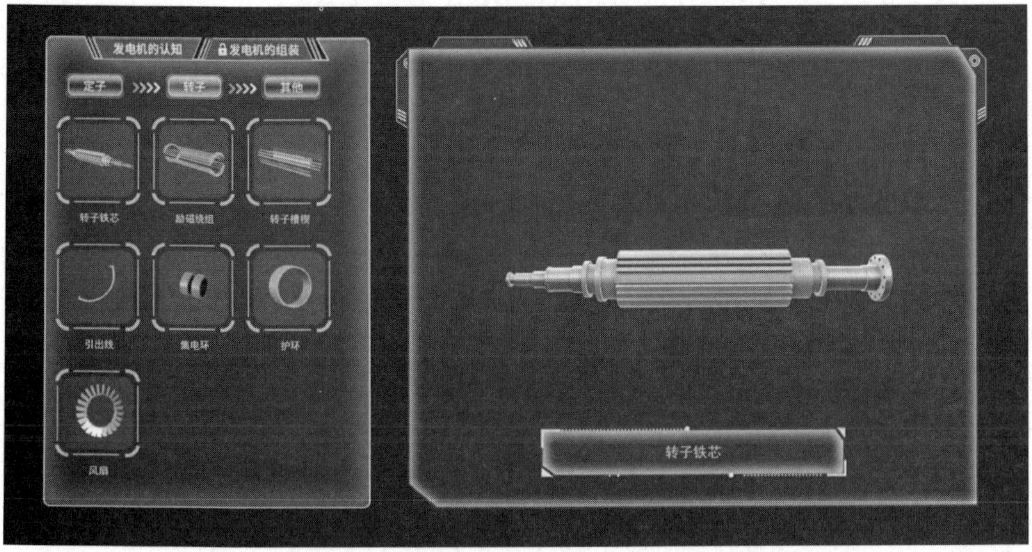

图 6-15　学习隐极式同步发电机转子铁芯的构造

(3)学习完全部模型后,点击“发电机的组装”标签,进入组装模块。学习模式下,组装步骤会有提示,根据提示(见图 6-16),拖拽各个零件到操作台,进行组装。

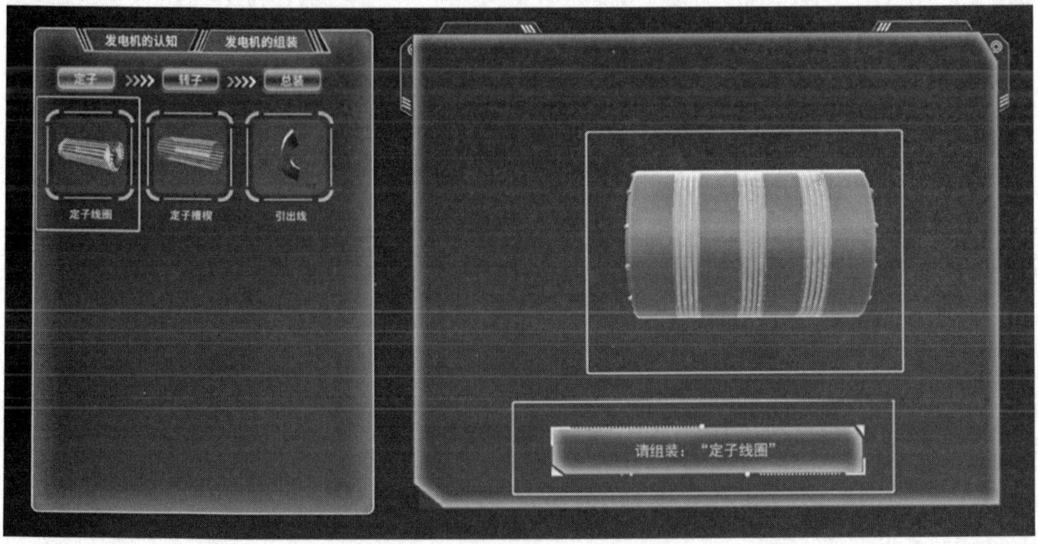

图 6-16　根据提示进行组装

(4)引出线需要多次组装操作才能完成(见图 6-17),安装过程中配合“旋转”按钮,同时利用鼠标滑轮放大、缩小镜头,安装会更顺利。在先后完成定子与转子的组装后,最后进行总装(见图 6-18)。

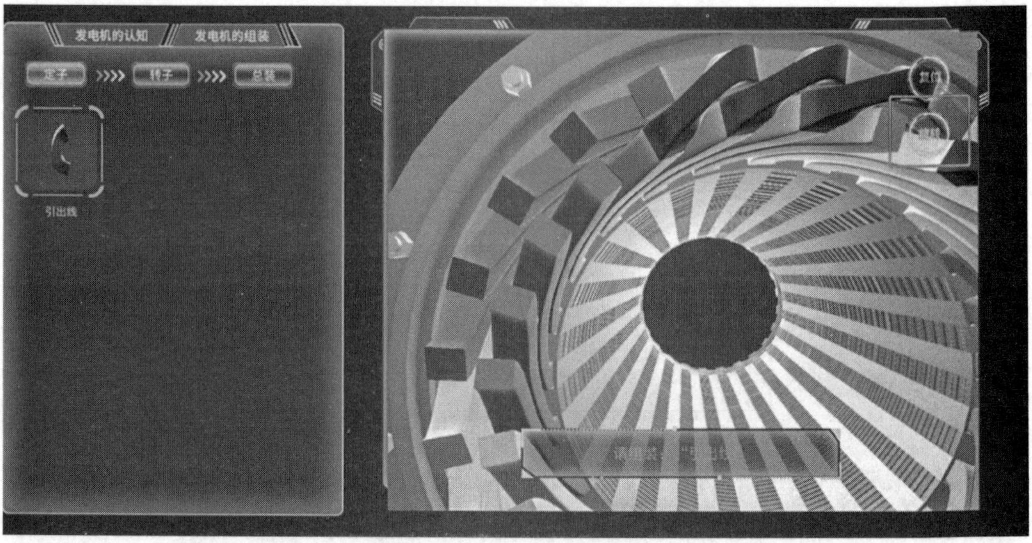

图 6-17 引出线的组装

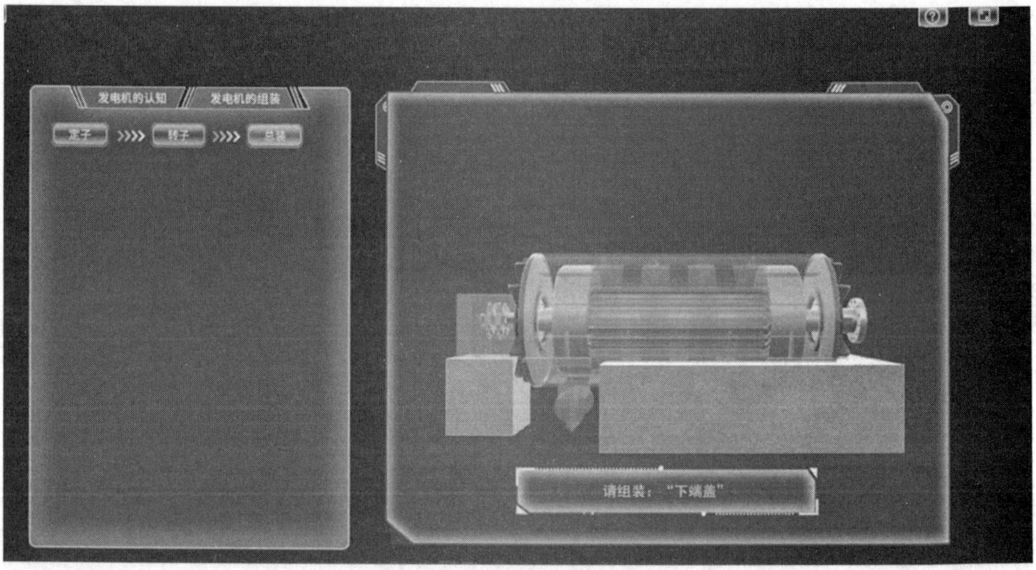

图 6-18 同步发电机的总装

(5)确认熟练掌握发电机的结构后，返回主菜单，点击进入无提示考核模式。

模块二：大型同步发电机瞬态和超瞬态电抗的测定。

(1)点击“模块二：大型同步发电机瞬态电抗的测定”，首先进入学习模式。

(2)了解实验任务(见图 6-19)，进行实验操作。

图 6-19　模块二的实验任务

(3)在学习模式下，左下角有提示(见图 6-20)，WSAD 或方向键控制方向移动，鼠标左键点击、拖拽元器件，鼠标右键拖拽可以控制视角。需要操作的实验器材，会有高亮提示。

图 6-20　根据提示进行模块二的实验操作

注意：进行每一步操作都需要重新点击一下右侧的元器件，即使该元器件已经打钩。部分元器件使用点击进行操作，部分元器件则需要进行拖拽至指定区域。如果实验界面出现错误，点击 F5 将网页刷新。

(4)需要操作的实验器材，会有高亮提示。例如可以根据提示，点击右侧工具栏导线后，再点击高亮的部分，完成励磁绕组的连接(见图 6-21)。

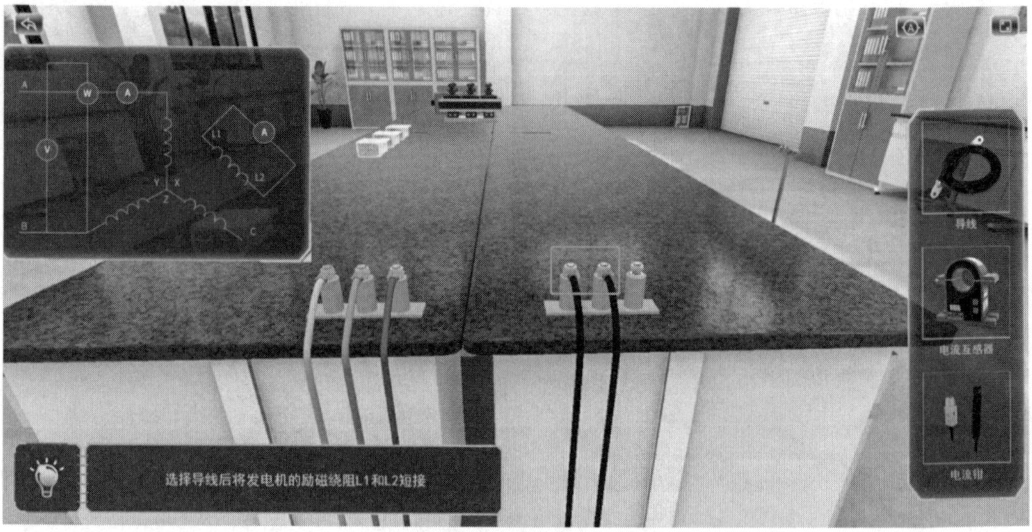

图 6-21 励磁绕组的连接

(5)全部操作学习完成后,返回主菜单,点击进入无提示考核模式。

模块三:大型同步发电机突然短路状态下的暂态分析实验。

(1)点击“模块三:大型同步发电机突然短路状态下的暂态分析实验”,进入学习模式。

(2)阅读弹窗中的文字,明晰实验任务后,点击开始实验(见图 6-22)。

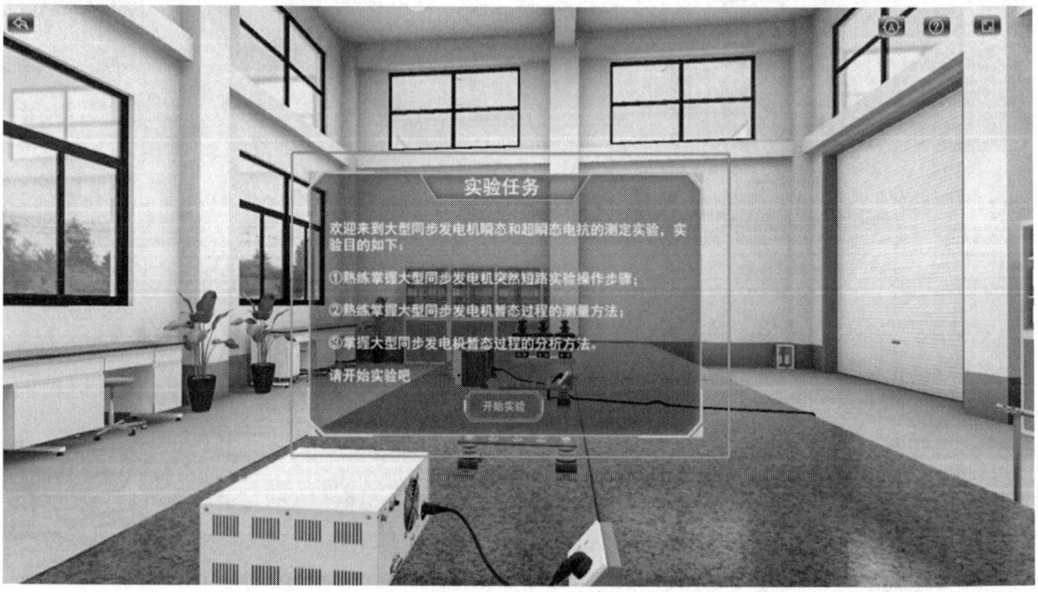

图 6-22 模块三的实验任务

(3)左下角有提示,相应操作点显示红色高亮,点击右侧工具,根据提示在高亮点部分进行操作(见图 6-23)。WSAD 键控制前后左右,鼠标操作视角和仪器选择。对照左上角的实验接线图，逐步完成所有实验器材的连接，见图 6－24。

图 6－23　根据提示进行模块三的实验操作

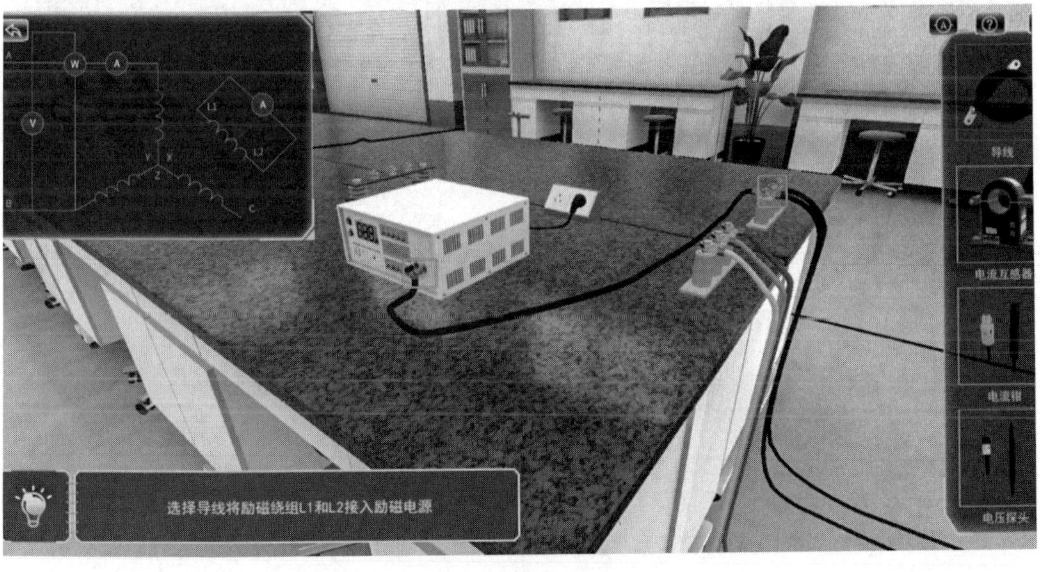

图 6－24　根据提示完成模块三的所有接线

（4）全部操作学习完成后，返回主菜单，点击进入无提示考核模式。

6.6.5　实验报告

考核结束并提交后，自动生成实验报告，对实验报告进行填写后提交，见图 6－25。

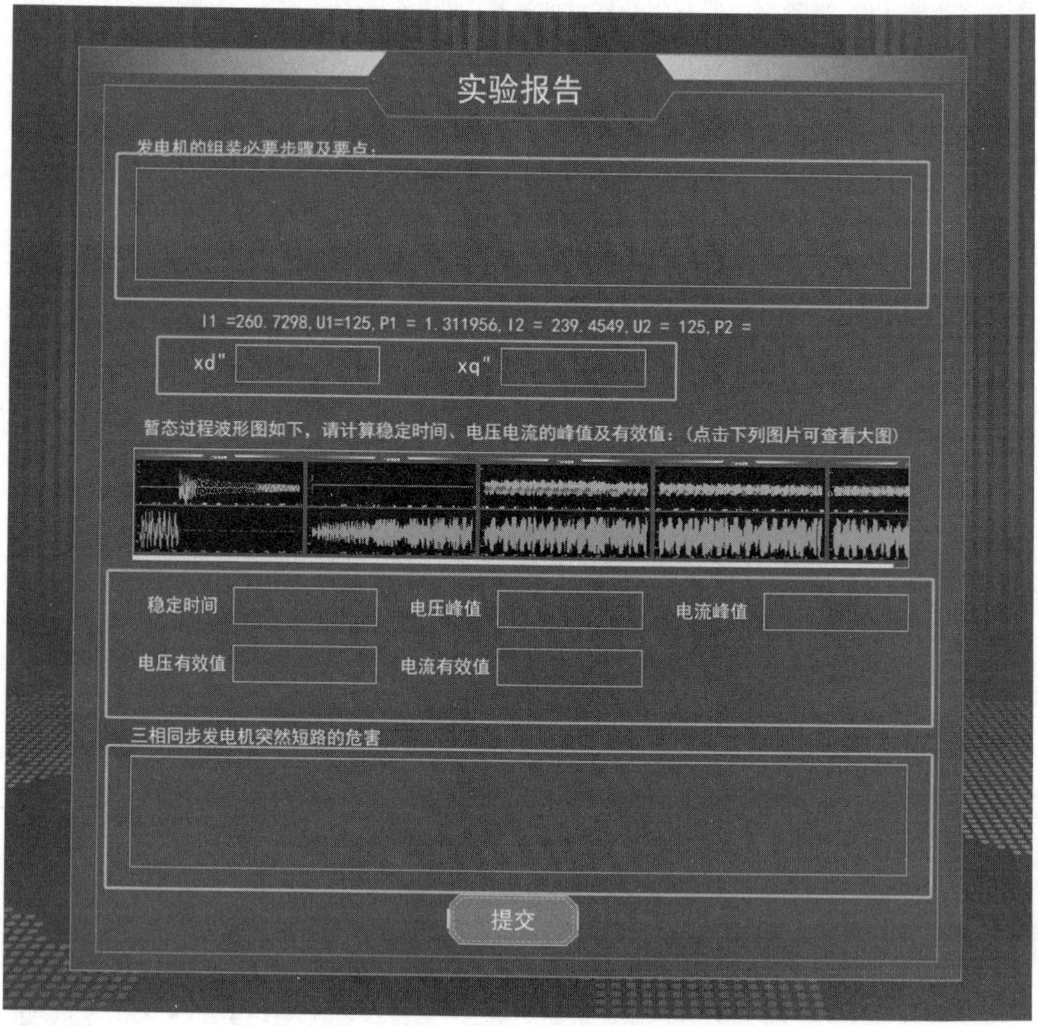

图 6－25　提交实验报告

说明：不需要纸质预习报告和实验报告，但需要在线提交电子实验报告。

附录　校正过直流测功机及涡流测功机简介

一、校正过直流测功机的校正曲线

目前，许多教学设备采用了校正过直流测功机作为原动机和负载电机，一般功率为355 W，与100 W功率等级的实验电机配套使用。附图1是转速在1 400～1 600 r/min时校正过直流测功机对应不同 I_f 时的 T_2 与 I_F 曲线。因此，要进行测量转矩（输出机械功率）时，必须将校正过的直流测功机的电枢电流串联在转矩转速测量挂件中的电枢电流输入线中。一般生产厂家提供给用户的是两条曲线：一条是100 mA，另一条是50 mA。所以，在测量转矩（输出机械功率）时，必须严格维持励磁电流为校正值不变。

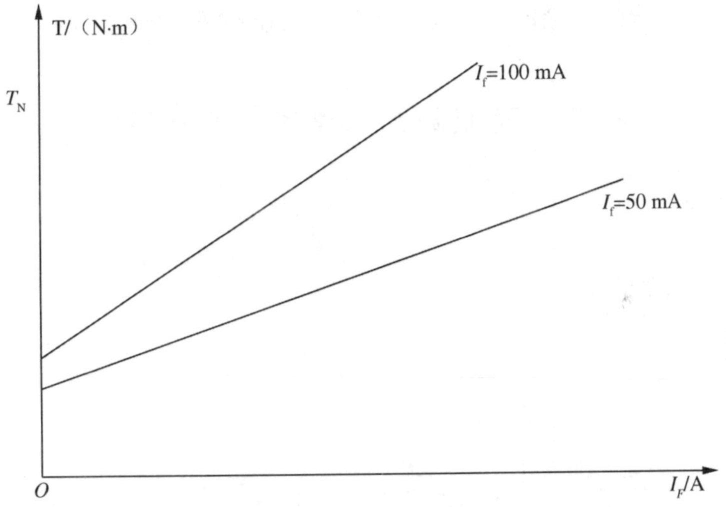

附图1　校正过直流测功机的校正曲线

二、校正过直流测功机电动运行

校正过直流测功机实际上是一台直流电机，既可以作直流电动机运行，也可以作直流发电机运行。作直流电动机运行时的接线如附图2，图中标注的是355 W功率的校正过直流测功机。

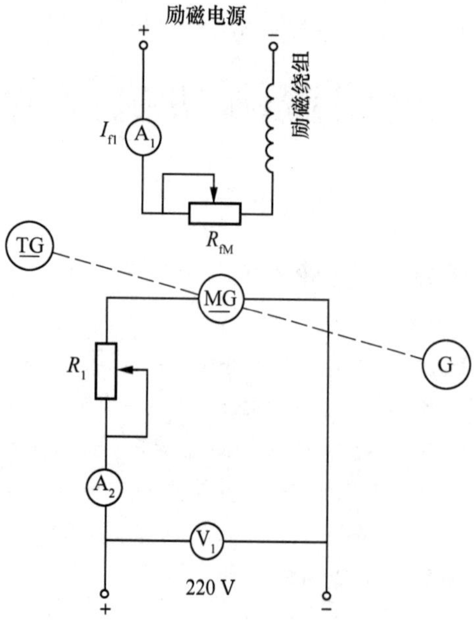

图中，

MG：校正过的直流测功机

G：发电机

TG：测速发电机

R_{fM}：励磁节电阻（选用 900 Ω 与 900 Ω 串联共 1 800 Ω电阻）

R_1：电枢调节电阻（选用 90 Ω 与 90 Ω 串联共 180 Ω 电阻）

(A1)：直流毫安表

(A2)：直流安培表

附图 2　校正过的直流测功机作直流电动机使用时的接线图

三、校正过直流测功机作发电机运行(测功)

校正过直流测功机作发电机运行(测功)时的接线如附图 3。接线时，校正过直流测

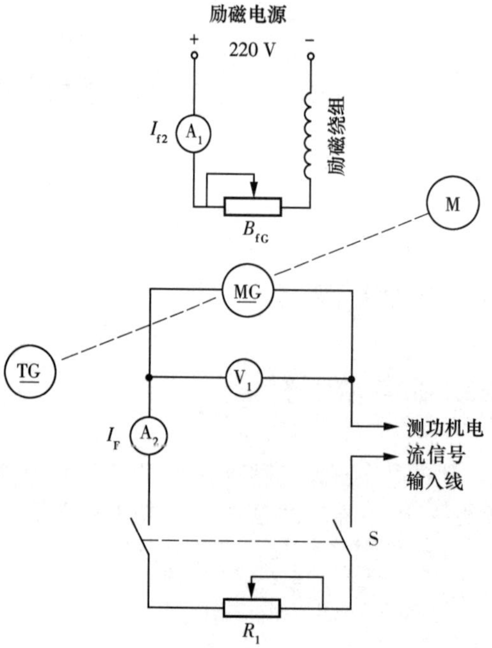

图中，

MG：校正过的直流测功机

M：电动机

TG：测速发电机

R_{fG}：励磁调节电阻（选用 900 Ω 与 900 Ω 串联共 1 800 Ω 电阻）

R_1：负载电阻（选用 900 Ω 与 900 Ω 串联加上 900 Ω与 900 Ω 并联，共 2 250 Ω 的电阻）

(A1)：直流毫安表

(A2)：直流安培表

(V1)：直流电压表

附图 3　校正过的直流测功机作直流发电机的接线图

功机的电枢电流必须串联在转矩转速测量挂件中的电枢电流输入线中，并且维持励磁电流为校正值不变。

注意：R_1为负载电阻（2 250 Ω），使用前一定在阻值最大位置，一般增加负载时调节R_1。顺序是：先调节串联部分的电阻，当串联部分的电阻调到零时（一般此时电流超过电阻的额定电流），用导线将串联部分的电阻短接，再调节并联部分的电阻。减小负载调节R_1时与上面操作顺序相反。

四、涡流测功机的使用

涡流测功机的原理见 2.6.2。其框图如附图 4，图中 M 为被试电动机，G 为涡流测功机。使用前，确保 $M-G$ 机械联结良好，涡流测功机与转矩转速测量挂件信号联结良好，涡流测功机的励磁电流在最小位置（即加载旋钮逆时针旋到底）。加载顺序是：启动 M，打开加载开关，顺时针调节涡流测功机旋钮（即增加涡流测功机的励磁电流），即可加载到所需要的扭矩。实验结束后注意把涡流测功机加载旋钮恢复到初始值。

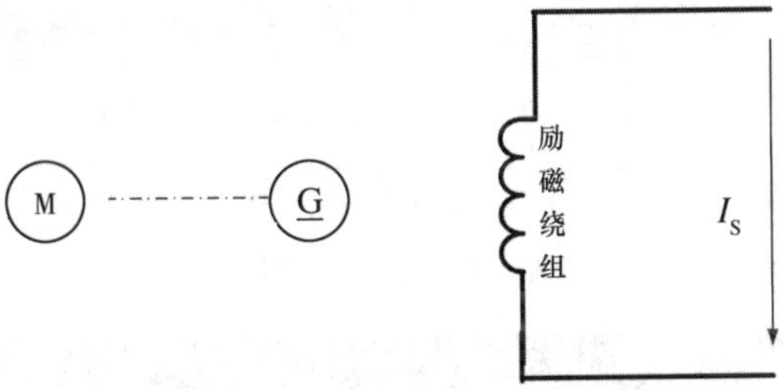

附图 4　涡流测功机原理框图

五、交直流可编程电阻箱的使用说明

1.触摸屏：包含初始界面、操作管理、负载加载和报警查询四个界面。

(1)初始界面（见附图 5）：包含产品名称、型号和登录时间等信息，点击“进入系统”按钮，进入操作管理界面。

附图 5　交直流可编程电阻箱初始界面

(2)操作管理界面(见附图 6):点击控制模式下拉框(默认远程),将控制模式切换到本地控制,点击玫红色箭头,进入负载加载界面。

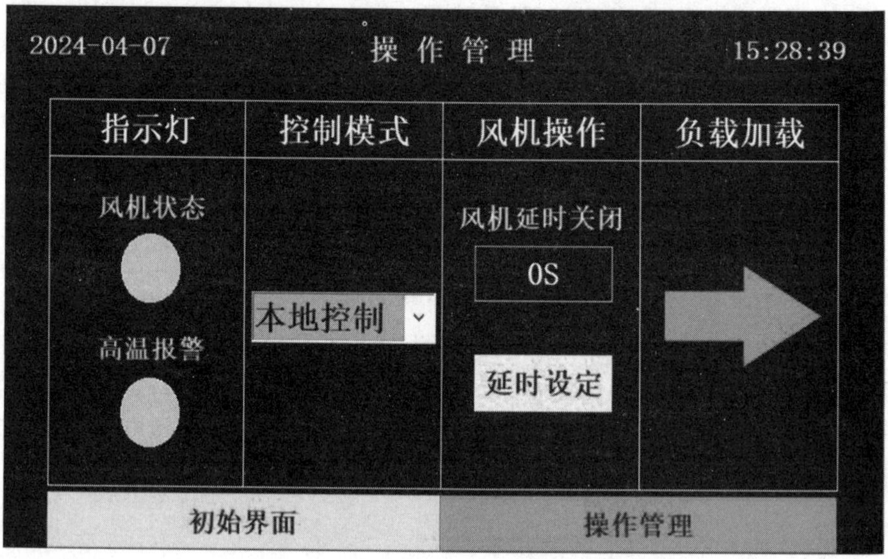

附图 6　交直流可编程电阻箱操作管理界面

(3)负载加载界面(见附图 7):必须先打开风机,选择加载模式(电流/功率),在电压、电流或功率输入框输入加载参数值,点击"加载"按钮。

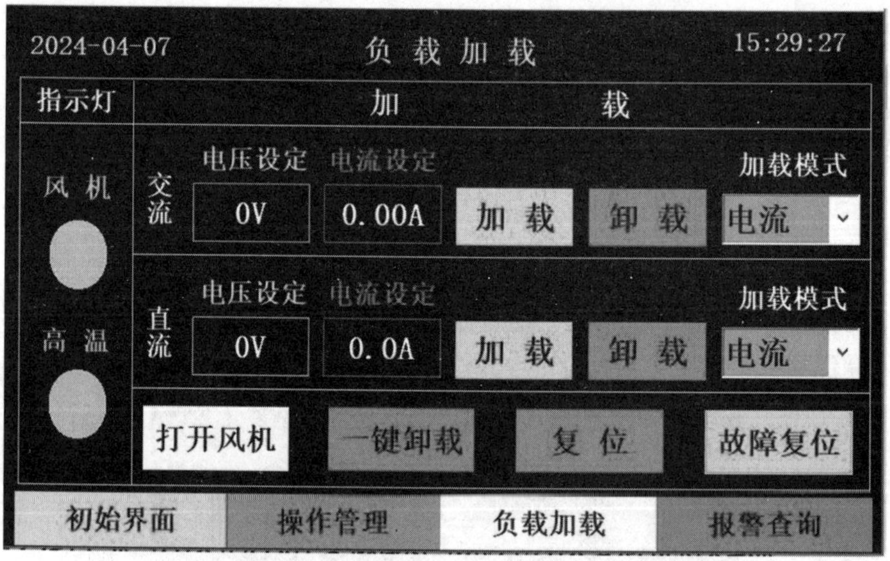

附图 7　交直流可编程电阻箱负载加载界面

说明:点击"卸载"按钮,将负载卸掉,但保存设置的参数值,点击"复位"按钮,将负载卸掉,同时将设置的参数设置归零。

(4)报警查询界面(见附图 8):显示详细的报警信息。点击"清除记录"按钮,将历史报警信息清除。

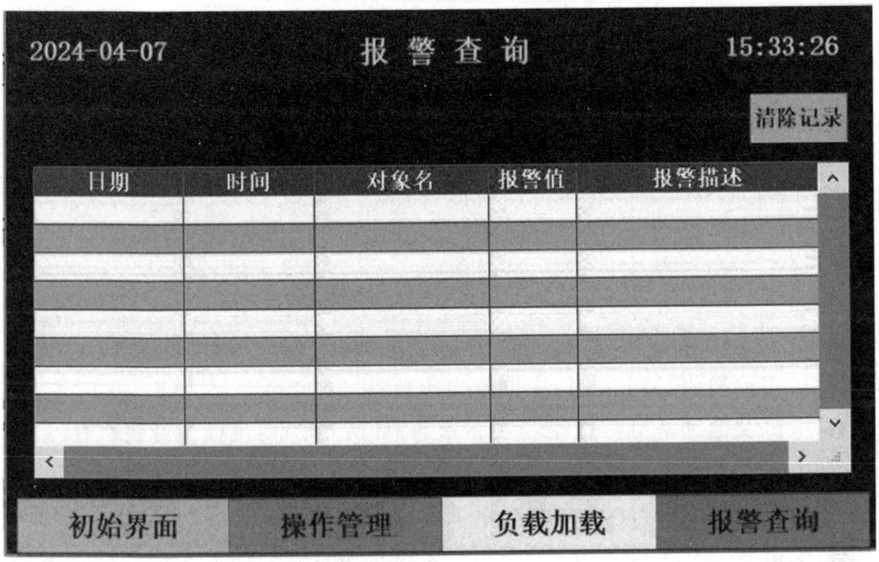

附图 8　交直流可编程电阻箱报警查询界面

2.风机开关:点击“打开”按钮,若左侧指示灯变成绿色,则打开成功。

3.风机延时关闭:在延时设定输入框,输入延时时间,最多设置 3276s,点击确定即可(必须在风机运行时设置)。

4.加载模式:默认为恒流加载,点击切换加载模式。

5.负载加载:根据选择的加载模式,输入电压、电流或功率值进行恒电流或恒功率加载。交流电压 1～300 V,电流 0.1～5 A,功率 0.1～1.5 kW;直流电压 1～250 V,电流 0.1～20 A,功率 0.1～5 kW。点击“加载”按钮即可完成。点击“卸载”按钮,将已加载的负载卸掉。

6.报警/急停:若负载箱体温度超过 90℃,触发高温报警,指示灯变成红色。若交流电压超过 345 V,过压指示灯红色闪烁,若超过 360 V,立即卸载已加载负载,并无法进行加载。若直流电压超过 287.5 V,过压指示灯红色闪烁,若超过 300 V,立即卸载已加载负载,并无法进行加载。点击急停开关,立即卸载已加载负载,并无法进行加载,直至急停开关复位(急停开关正常为红色,急停状态为白色)。

注意:设备使用结束后,为防止余热,建议风机不要立即关闭。

参考文献

[1] 汤蕴璆.电机学[M].5版.北京:机械工业出版社,2014.
[2] 徐政.电机实验教程[M].北京:中国电力出版社,2022.
[3] 张松林.电机及拖动基础习题集与实验指导书[M].北京:机械工业出版社,1998.
[4] 王伟平.电机及拖动基础实验指导书[M].2版.北京:中国电力出版社,2019.
[5] 顾绳谷.电机及拖动基础[M].北京:机械工业出版社,2007.
[6] 辜承林.电机学[M].4版.武汉:华中科技大学出版社,2018.